KEYAN JIGOU

KEJI CHUANGXINXING RENCAI GUANLI TIXI YANJIU YU SHIJIAN

科研机构
科技创新型人才管理体系
研究与实践

夏彦卫◎主编

中国电力出版社
CHINA ELECTRIC POWER PRESS

内 容 提 要

本书紧贴科技创新型企业发展实际，从时代发展的进程中论述科技创新型人才对社会发展的重要性。本书主要介绍了科技创新型人才的内涵、科技创新型人才开发理论和科技创新型人才培养国内外研究情况，选取中国航天科技集团有限公司、中国核电工程有限公司、国家核电技术有限公司、华为技术有限公司为标杆分析对象，系统分析国内大型企业对科技创新型人才培养的理念依据及实践做法。同时，梳理国网河北电科院近年来在科技创新型人才培养方面的优秀做法，希望能够起到抛砖引玉的作用，给科技创新型企业管理者带来更多的参考，助力我国科技创新型企业培养更多的人才，实现人才强国，科技强企。

本书可供科研机构及相关单位的管理人员及相关人员参考使用。

图书在版编目（CIP）数据

科研机构科技创新型人才管理体系研究与实践 / 夏彦卫主编. —北京：中国电力出版社，2023.11

ISBN 978-7-5198-8355-3

Ⅰ．①科⋯ Ⅱ．①夏⋯ Ⅲ．①技术人才–人才管理–研究–中国 Ⅳ．①G316

中国国家版本馆 CIP 数据核字（2023）第 227807 号

出版发行：中国电力出版社

地　　址：北京市东城区北京站西街 19 号（邮政编码 100005）

网　　址：http://www.cepp.sgcc.com.cn

责任编辑：孙世通（010-63412326） 柳　璐

责任校对：黄　蓓　朱丽芳

装帧设计：张俊霞

责任印制：钱兴根

印　　刷：三河市万龙印装有限公司

版　　次：2023 年 11 月第一版

印　　次：2023 年 11 月北京第一次印刷

开　　本：710 毫米×1000 毫米　16 开本

印　　张：12.75

字　　数：194 千字

定　　价：78.00 元

编委会

主　　编　夏彦卫

副 主 编　王向东　　高志强　　李晓光

参编人员　王卓然　　冯旭阳　　严敬汝

　　　　　任素龙　　王娟怡　　周雪青

　　　　　王毅佳

目　录
CONTENTS

≪ **第一章**
体系建设实施背景

一、科技创新是中国式现代化的重要动力

1. 科技创新是迈向现代化的驱动和引领力量

中国要实现现代化，方方面面都要强起来。科学技术的现代化作为一项重要内容，既是中国式现代化的重要组成部分，又发挥着推动中国式现代化的强大动力作用。党的二十大报告中明确提出"科技是第一生产力，人才是第一资源，创新是第一动力。"三个"第一"吹响了在实现中国式现代化道路上向更高水平科技进军的号角，是对全国科技工作者的总动员令。

科技创新是人类迈向现代化的驱动和引领力量，科技发展水平是衡量中国式现代化的重要标尺。科技现代化是中国式现代化的有机组成部分，我国科技事业以其特有的维度彰显了中国式现代化的科技底蕴，夯实了中国式现代化的科技根基。必须坚持把高水平科技自立自强作为中国式现代化的战略支撑，强化国家战略科技力量，提升创新体系整体效能，努力多出"从0到1"的原创性成果，坚决打赢关键核心技术攻坚战。科技强国是中国式现代化的科技标识，加快建设科技强国是推进中国式现代化的必然抉择，既遵循中国式现代化的一般规律和原则，又具有科技创新的内在机理，彰显了新时代科技事业的典型特征和实践要求。

新征程上，我们需要以科技强国建设助推中国式现代化，推动我国科技事业跨越发展，为实现全面建成社会主义现代化强国奠定坚实基础。

2. 科技创新是中国式现代化的重要内容

"科技立则民族立，科技强则国家强。"纵观世界各国走向现代化的历史，虽然道路不尽相同，但科技始终是一个国家、一个民族迈向繁荣发展的重要动力和引擎。长期以来，以欧美为代表的西方发达国家很大程度上依赖工业革命以来的科技优势形成了以西方为中心的现代化模式、以自身为标准的文明理论，在国际分工格局中居主导地位。进入 21 世纪，科学技术发展日新月异，科技进步和创新愈益成为增强国家综合实力的主要途径和方式。科学技术正以一种不可逆转、不可抗拒的力量推动着世界现代化向前发展。

科技创新是高质量发展的强大驱动力。抓创新就是抓发展，谋创新就是谋未来。回顾新时代十年的伟大变革历程，推进科技强国建设同时也是推进教育强国、人才强国建设。十年来，我国建成世界上规模最大的教育体系，教育普及水平实现历史性跨越；我国顺利进入创新型国家行列，正在从要素驱动、效率驱动转向创新驱动；我国人才资源总量达到 2.2 亿人，技能人才总量超过 2 亿人，研发人员全时当量达到 562 万人年。

科技创新是国家发展的远景目标和系统部署。2020 年 10 月，党的十九届五中全会审议通过的《中共中央关于制定国民经济和社会发展第十四个五年规划和二〇三五年远景目标的建议》明确提出"坚持创新在我国现代化建设全局中的核心地位，把科技自立自强作为国家发展的战略支撑"，将"坚持创新驱动发展，全面塑造发展新优势"放到十二项重大任务之首。我国"十四五"规划和 2035 年远景目标纲要对前沿科技、未来产业、高质量教育和人才工作进行了系统部署。

3. 中国式现代化指明中国科技创新的前进方向

中国式现代化的实践已经并将继续证明：世界上既不存在定于一尊的现代化模式，也不存在放之四海而皆准的现代化标准。中国式现代化立足中国国情、凝聚中国经验、提出中国方案，鲜明的"中国特色"为中国的科技现代化指明了基本前进方向。

一是中国的科技现代化以促进中国超大规模人口共同富裕为价值取向。现代化，本质上是人的现代化，中国的科技现代化积极回应人民的期待，满足人民对美好生活的期待，着力解决城乡发展、区域发展等不平衡不充分问题，切实推动全体人民共同富裕取得实质性进展。

二是中国的科技现代化以实现物质文明、精神文明和生态文明协调发展为发展方略。中国科技现代化在发展社会生产力、实现经济增长、创造物质文明的同时，还要警惕物质主义、拜金主义、享乐主义等社会思潮对精神文明的侵蚀，警惕盲目改造自然，试图凌驾于自然之上而对生态文明的破坏，要实现"五大文明"齐头并进、同步推进。

三是中国的科技现代化以造福全人类为终极目标。与某些西方发达国家高举科技霸权主义根本不同，中国的科技现代化既为中国人民谋幸福、为中华民族谋复兴，也为人类谋进步、为世界谋大同。中国的科技现代化秉持人类命运共同体理念，主动融入全球科技创新网络，积极参与解决人类面临的重大挑战，努力推动科技成果惠及更多国家和人民。

4. 科技创新支撑和推进中国式现代化

科技是国之利器，国家赖之以强，企业赖之以赢，人民生活赖之以好。持之以恒、一以贯之继续强化科技现代化对中国式现代化的战略支撑作用，亟需补短板、强弱项、固底板、扬优势，从科技创新、人才培养、机制完善等多方面持续发力，努力实现高水平科技自立自强。

一是要牵住"牛鼻子"，增强科技创新第一动力。科技是国家强盛之基，创新是民族进步之魂。要始终把科技创新摆在国家发展全局核心位置，发挥科技创新推动中国式现代化的根本引擎作用。

二是筑牢"蓄水池"，把握人才第一资源。人才是科技现代化中最活跃的因素，我国要实现高水平科技自立自强，归根结底要靠高水平创新人才。要始终保持对人才的"饥渴度"，一手抓引进，聚天下英才而用之；更要一手抓自主培育，尊重人才发展规律，依靠我国自身教育体系培养造就一批具有国际水平的科技创新领军人才，为中国式现代化提供有力的人才和智力支撑。

三是要聚焦"卡脖子"，健全关键核心技术攻关新型举国体制。关键核心技术要不来、买不来、讨不来，是中国科技事业破解"卡脖子"难题的重中之重。社会主义市场经济条件下的新型举国体制将政府、市场、社会多元主体力量有机结合，科学统筹、集中力量、优化机制、协同攻关，实现了党的领导、中国特色社会主义制度优势、市场机制有机统一，共同凝聚起关键核心技术攻关的强大合力。

5. 科技创新与人才驱动同频共振

国家科技创新力的根本源泉在于人。教育是人才的供给侧，人才是科技的供给侧，科技是经济的供给侧，三者共同支撑高质量发展和社会主义现代化强国建设。1995 年，党中央提出实施科教兴国战略；2002 年，党中央提出实施人才强国战略；2012 年，党中央提出实施创新驱动发展战略。"三大战略"都是事关现代化建设全局、需要长期坚持的国家重大战略。"三大战略"

摆放在一起，凸显了教育、科技、人才在我国社会主义现代化建设全局中的基础性、战略性支撑定位和优先地位，通过统筹部署、协同配合、系统集成，以教育科技人才现代化助推中国式现代化，打通从教育强、人才强到科技强、产业强进而到经济强、国家强的高质量发展通道。

面对新一轮科技革命和产业变革新趋势，世界主要国家都在前瞻部署未来科技与未来产业，试图抢占新领域新赛道发展先机，都把科学、技术、工程、数学作为基础教育重点，努力加快打造教育、科技、人才竞争新优势。十年来，我国已建成世界上规模最大的高等教育体系，一些关键核心技术实现突破，战略性新兴产业蓬勃发展，要坚持教育优先发展、科技自立自强、人才引领驱动，深入实施"三大战略"，加快建设文化强国、教育强国、人才强国、科技强国，更好支撑制造强国、质量强国、航天强国、交通强国、网络强国、数字中国、体育强国、健康中国、美丽中国、平安中国等系列强国建设。全方位谋划战略科技力量与战略人才力量建设，在创新实践中发现人才、在创新活动中培育人才、在创新事业中凝聚人才，努力成为世界主要科学中心、重要人才中心和创新高地。

人才是现代化的关键支撑，在中国式现代化、高质量发展的战略地位、战略价值前所未有。如何突出科技创新型人才引领驱动、理解科技创新型人才引领驱动、打造科技创新型人才引领驱动的硬核力量，亟待我们深入思考、积极探索。

二、科技创新型人才队伍建设是建设科技强国的关键

1. 科技创新型人才队伍是建设科技强国的关键要素

哈佛大学政治学博士安德鲁·B·肯尼迪在《全球科技创新与大国博弈》中说，"创新就是创造一种对世界来讲很新颖的产品或技术，从本质上来讲，人才是创新的核心"。党中央历来重视人才和人才工作，始终把人才问题作为党和国家事业发展的关键一环。党的十八大以来，党中央进一步完善了党的人才战略思想，如"聚天下英才而用之""要树立强烈的人才意识，寻觅人才

求贤若渴，发现人才如获至宝，举荐人才不拘一格，使用人才各尽其能"等。这种人才观对于更好实施科技强国和人才强国战略具有重要指导意义，对于我国的人才工作和队伍建设具有十分重要的理论价值和实践意义。

创新的载体是人才。党的十九大报告提出了"人才是实现民族振兴、赢得国际竞争主动的战略资源"的重要论断，把人才工作进一步提高到了民族振兴的高度，赋予了人才工作更加崇高的使命和更加重要的任务。党的十九届五中全会作出深入实施人才强国战略、建成人才强国重大战略部署，为未来一个时期我国人才事业发展树立了新目标。"十三五"期间，我国创新型国家建设取得历史性突破，顺利实现"进入创新型国家行列"的第一阶段战略目标，在载人航天、探月工程、深海工程、超级计算、量子信息、特高压输电技术等领域取得一批重大科技成果，科技实力从量的积累向质的飞跃、从点的突破向系统能力提升，正在稳步迈向"跟跑、并跑和领跑并存"的新阶段。党的二十大报告提到：**"教育、科技、人才是全面建设社会主义现代化国家的基础性、战略性支撑。"** 必须坚持科技是第一生产力、人才是第一资源、创新是第一动力，深入实施科教兴国战略、人才强国战略、创新驱动发展战略，开辟发展新领域新赛道，不断塑造发展新动能新优势。

竞争的要素是人才。人才已成为决定一国参与国际竞争成败的关键因素，世界各国都把人才视为最稀缺的战略资源，并且千方百计在全球范围内网罗优秀人才，其中，高科技人才是各国争夺的重点。随着我国综合国力的持续上升，我国对全世界高科技人才的吸引力越来越强，但也要看到，我国当前人才结构失衡状况仍有待改善，国际化高科技人才的数量还不能完全满足国家发展的需要。无论是与西方发达国家相比，还是与"建设世界重要人才中心和创新高地"的目标相比，我国高科技人才的缺口依然较大。2022 年 4 月 29 日，中共中央政治局审议《国家"十四五"期间人才发展规划》，强调"要大力培养使用战略科学家，打造大批一流科技领军人才和创新团队""要深化人才发展体制机制改革，为各类人才搭建干事创业的平台"。

发展的基础是人才。教育、科技、人才是全面建设社会主义现代化国家的基础性、战略性支撑。党的二十大报告强调要坚持教育优先发展、科技自立自强、人才引领驱动，加快建设教育强国、科技强国、人才强国，坚持为党育人、为国育才，全面提高人才自主培养质量，着力造就拔尖创新人才，聚天下英才而用之。

在百年未有之大变局中坚定历史自信，增强历史主动，以中国式现代化全面推进中华民族伟大复兴，有理想、有担当、能吃苦、肯奋斗的新时代人才是成功的"第一资源"。"加快建设国家战略人才力量，努力培养造就更多大师、战略科学家、一流科技领军人才和创新团队、青年科技人才、卓越工程师、大国工匠、高技能人才。"这些论断回应了人民所需、中国所需和时代所需。功以才成，业由才广，造就大批德才兼备的优秀人才是国之大计，党之大计，必将有力促进中国式现代化建设。

2. "党管人才"是新时代科技创新型人才队伍建设的根本遵循

中国共产党一贯高度重视人才培养问题。在抗日战争时期，就陆续成立了陕北公学、抗日军政大学、鲁迅艺术学院等一大批院校，致力于着手培养服务新民主主义革命的新式人才。1956年，我国完成了生产资料所有制改造，建立了社会主义国家制度，开启了中国共产党对于培养什么人、为谁培养人、怎样培养人的战略思考。党和国家领导人均在社会主义建设的不同时期提出过系统的人才建设规划、目标，体现出"党管人才"一以贯之的组织力和行动力。

步入新时代，"党管人才"制度更加成熟完善。党的十八大以来，党中央审时度势，精准研判发展大势、科技竞争态势和人才建设新形势，及时回答了为什么要建设人才强国、什么是人才强国、怎样建设人才强国的时代之问。在中央人才工作会议上，明确新时代人才培养"八个坚持"，第一位就是必须坚持党对人才工作的全面领导，由此成为社会主义人才培养的根本遵循。同时，党的二十大报告还明确指出"深化人才发展体制机制改革，真心爱才，悉心育才，倾心引才，精心用才，求贤若渴，不拘一格，把各方面优秀人才集聚到党和人民事业中来。"建设世界重要人才中心和创新高地，着力形成国际竞争的人才比较优势。"党管人才"从政治引领到制度保障，全面立体地指导、保障服务于中国式现代化的新时代人才建设，成为中国化时代化人才培养的根本遵循。

3. 科技创新型人才机制是科技强国战略之基

从"人才是创新的核心要素"到"人才是第一资源",再到"人才是战略资源",科技人才以及科技人才政策的重要性逐渐成为普遍共识。党的十八大以来,以习近平同志为核心的党中央围绕深入实施科教兴国战略、人才强国战略、创新驱动发展战略,不断完善党管人才的工作格局,系统谋划布局科技人才发展,科技人才体制机制改革纵深推进。

近年来,从中央到地方,以"放权、松绑、激励、服务"为重点,陆续推出了覆盖人才发现评价、培养引进、评价激励、流动服务等方面的科技人才政策。政策亮点纷呈,受到广大科技人才的热烈欢迎,对激发科技人才活力和增强他们的获得感起到了积极的促进作用。

深化人才发展体制机制改革,是构筑人才制度优势、实现高质量发展的战略之举。党的十八大以来,以习近平同志为核心的党中央坚持以"放权、松绑"为重点,着力打通人才流动、使用、发挥作用中的体制机制障碍,推出《关于深化人才发展体制机制改革的意见》《关于深化项目评审、人才评价、机构评估改革的意见》《关于完善科技成果评价机制的指导意见》等一系列政策举措,中国特色人才制度优势进一步彰显,人才活力进一步释放,为我国推进高质量发展提供了澎湃动力。

深化人才发展体制机制改革,要坚持问题导向,着力解决突出问题。人才怎样用好,用人单位最有发言权,要根据需要和实际向用人主体充分授权,发挥用人主体在人才培养、引进、使用中的积极作用;用人主体要发挥主观能动性,增强服务意识和保障能力,建立有效的自我约束和外部监督机制,确保下放的权限接得住、用得好;用人单位要切实履行好主体责任,用不好授权、履责不到位的要问责。为人才松绑,才能让人才创新创造活力充分迸发,要积极为人才松绑,完善人才管理制度,做到人才为本、信任人才、尊重人才、善待人才、包容人才;要赋予科学家更大技术路线决定权、更大经费支配权、更大资源调度权,同时要建立健全责任制和军令状制度,确保科研项目取得成效;要深化科研经费管理改革,优化整合人才计划,让人才静心做学问、搞研究,多出成果、出好成果。用好人才评价这个"指挥棒",才能营造有利于激发人才创新的生态系统,要完善人才评价体系,加快建立以创新价值、能力、贡献为导向的人才评价体系，形成并实施有利于科技人才潜心研究和创新的评价体系。

新时代新征程深入实施科教兴国战略，要不断健全相关体制机制，不拘一格，把各方面优秀人才集聚到党和人民事业中来。一是扎实推进人才培养机制改革。转变人才开发观念，按照人才成长规律，提高人才培养质量。二是完善人尽其才的使用机制。围绕国家重大战略布局，全面用好各类人才，用好高层次战略人才，精准引进用好国家急需紧缺人才。三是完善人才各展其能的激励机制。以广阔的平台吸引人才，制定更加科学合理的人才激励政策，以活跃的创新实践助力人才发展。四是完善人才脱颖而出的竞争机制，用好全球人才资源，加快建立具有全球竞争力的人才制度体系。五是深化人才评价机制改革，形成有利于人才潜心研究的发展环境。针对承担不同层次、类型科研任务的平台机构，推动建立差异化的人才评价机制。

三、加快建设一流科技领军企业实现科技兴企人才强企

创新是引领发展的第一动力，是建设现代化经济体系的战略支撑。坚持创新在我国现代化建设全局中的核心地位，把科技自立自强作为国家发展的战略支撑。强化企业创新主体地位，推进产学研深度融合，发挥大企业引领支撑作用。

培育世界一流创新企业是实现科技自立自强的关键。中国要建成世界科技强国，就一定要培育一批世界一流大学、科研机构和创新型企业，其中世界一流创新企业的培育是重中之重，是实现科技自立自强的关键。波士顿咨询集团（BCG）发布了 2023 年最具创新力公司榜单，共有华为和比亚迪两家中国公司上榜，分别位居第 8 位和第 9 位。其中华为 2022 年研发投入达到1615 亿元人民币，占全年收入的 25.1%，十年累计投入的研发费用超过 9773亿元人民币。拥有世界顶级科学家，至少 700 多位数学家、800 多位物理学家和 100 多位化学家。在 5G 领域，华为是全球专利最多的公司。目前，华为约有 19.7 万员工，业务遍及 170 多个国家和地区，服务全球 30 多亿人口。在国内外通信领域，华为是引领世界的一流企业。

　　创新是成就世界一流企业的核心驱动力。所谓世界一流企业是指在特定的行业或业务领域内，长期持续保持全球领先的市场竞争力、行业领导力和社会影响力，并获得广泛认可的跨国经营企业。培育世界一流企业的关键在于科技创新能力的引领。世界一流创新企业的共性特征主要包括：创新投入要更加充足、科学；创新设备更加先进、雄厚；创新产出更加高效率、高质量；创新文化更加开放、宽容；战略与使命更加具有前瞻性和动态性；企业规模、效益和品牌价值方面具有其他企业难以超越的领先地位。

　　加快培育一批世界一流创新企业。国务院国有资产监督管理委员会于2019年1月25日发布消息称，经过综合考虑，选择中国航天科技集团有限公司、中国石油天然气股份有限公司、国家电网有限公司等10家企业作为创建世界一流示范企业。国资委提出在"十四五"期间实现："五个新"和"一个总目标"。"五个新"包括高质量发展再上新台阶、科技自立自强展现新作为、布局结构调整迈出新步伐、国资国企改革取得新成效、党的领导党的建设得到新加强。"一个总目标"是建成一批世界一流企业，具体为：一是要构建使命驱动型战略，加强对核心自主可控技术的研发，只有实现核心技术的高度自主可控，才能解决"卡脖子"问题；二是要重视基础研究，华为近几年在5G技术上取得的卓越成就，关键是把20%～30%的研发经费用于基础研究；三是要构建一流的管理体系，瞄准世界一流企业，抓重点，补短板，强弱项，切实加强管理体系和管理能力建设；四是要注重战略科技人才的培养，世界一流企业研发人员的比重均比较高，特别是高层次战略科技人才培养是实现创新引领的关键。

　　国家电网有限公司作为关系国家能源安全和国民经济命脉的特大型国有重点骨干企业，始终坚持以人民为中心的发展思想，牢记人民电业为人民的企业宗旨，以"为美好生活充电、为美丽中国赋能"为使命，以科技创新、人才强企赋能新型电力系统建设，走出了一条中国式现代化电网建设发展之路。

　　国家电网有限公司始终立足"两个大局"，心怀"国之大者"，深入实施创新驱动发展战略，坚持"四个面向"，提升"四个能力"，全面推进"一体四翼"发展布局，加快建设具有中国特色国际领先的能源互联网企业，实现高水平科技自立自强。截至 2022 年,国家电网有限公司累计获得国家科学技术奖 91 项,其中特等奖 2 项、一等奖 9 项,获得中国工业大奖 5 项、中国专利金奖 11 项,专利申请量和累计拥有量连续 11 年排名央企第一,取得了一批具有自主知识产权、世界领先的原创成果,走出了一条具有中国特色的能源电力科技自主创新之路。

当好实现"双碳"目标的主力军,当好新型电力系统技术创新联盟"领头雁"。紧紧围绕"双碳"目标、构建新型电力系统等国家重大战略,率先发布实施国内企业首个"双碳"行动方案和构建新型电力系统行动方案,大力实施新型电力系统科技攻关行动计划,出台了一系列务实举措。为加快构建新型电力系统,国家电网有限公司携手 30 余家骨干企业、知名高校及社会团体,发起成立新型电力系统技术创新联盟,充分发挥新型举国体制优势,围绕新型电力系统重大技术需求,开展联合攻关、标准制定、经验交流和成果共享,推动我国引领全球电力科技发展。2023 年 2 月 3 日,国家电网有限公司 2023 年科技工作会议召开。会议全面贯彻党的二十大精神,深入实施创新驱动发展战略,加快科技自立自强步伐,全力打造原创技术策源地,统筹推进科技创新各项工作,为我国在重要科技领域成为全球领跑者,在前沿交叉领域成为开拓者,力争尽早成为世界主要科学中心和创新高地贡献力量。

随着电力体制改革的深入和电力行业的飞速发展,作为电力行业发展技术支撑的电力科技企业对创新型人才的需求日益迫切。如何构建科技创新型人才培养与开发体系,创新人才培养方式,打造适应电力行业发展的科技创新型人才队伍,为电力行业的可持续发展提供强有力的人才保障和智力支撑,已成为电力科技企业面临的新课题。

近年来,国网河北省电力科学研究院有限公司(简称国网河北电科院)作为国网河北省电力有限公司科技创新型企业的领头雁,深入实施创新驱动发展战略,坚持科技是第一生产力、人才是第一资源、创新是第一动力,深入落实国家电网有限公司人才培养"三大工程",坚持以培养顶尖人才队伍为目标,从教育培训、成长激励等多维度出发,不断健全人才培养激励机制,激发全员创新活力,为企业高质量发展注入了强大的生机和活力,着力开展重大成果策划培育工作,强化公司科技创新型人才"选、育、用、推"一体化动态管理，持续推动公司科技创新工作取得更多成果、实现更大突破，逐步建成一支政治素质过硬、技术功底扎实、创新能力突出、职业素养优良、发挥示范引领作用的高层次专家人才队伍，为公司创建世界一流"力量大厦"提供坚实人才保障和智力支撑。

国网河北电科院在科技创新型人才队伍体系建设上，坚持顶层设计，借鉴国内外最新的人力资源和人才开发和实践，参考国内外科技创新机制建设和人才队伍的开发最佳实践，立足能源特色，立足电网特色，立足企业现状，锐意创新，大胆实践，构建一套系统的科技创新型人才培养赋能的体系框架和行动策略，助力推进一流科技创新型企业建设。

第二章

科技创新型人才开发基础

当今时代，科技创新型人才已是经济社会发展的核心要素，是支撑国家创新系统的核心。科技创新型人才作为一种智力资本，已超越物质资本成为最具价值、最为稀缺的资源，是国家核心竞争力的支撑要素。所谓科技创新型人才，是指具有扎实的专业知识、求实的科学态度、勇于献身的科学精神和追求卓越的科技创新能力的科技人才。科技创新型人才是提高国家、行业、企业科技自主创新能力的主体和关键。

一、科技创新型人才内涵

（一）科技创新型人才分类

科技创新是原创性科学研究和技术创新总称，科技创新型人才是指能够创造和应用新知识、新工艺、新方法和新技术，采用新的生产方式、技术实现手段和经营管理模式，开发或改进新产品，提升高质量，提供高质量的新技术、新服务人才。科技创新型人才可以分为知识创新型人才、技术创新型人才和科技创新管理型人才三类。

知识创新型人才是能提出新观点（包括新概念、新思想、新理论、新方法、新发现和新假设）等科学研究活动的人才，并且涵盖能够开辟新的研究领域、以新的视角来重新认识已知事物的人才。技术创新型人才是能依托现有科学技术基础，在新技术开发、新工艺改进、新设备功能开发、新技术场景应用等进行软硬件开发的人才。科技创新管理型人才是具备战略视野、产业思维及技术架构思想，对于科技创新工作善于从系统体系改进、系统模式创新、机制体制创造等方面进行创新引领与推动的人才。三类人才作为信息时代和知识社会科技创新的关键，是当今时代科技创新的重要组成部分。

从职称、学历角度来看，科技创新型人才不局限于科学家和工程师两类具有高级职称或职务的人，那些不具备高级职称或职务的人并不代表就没有成为科技创新型人才的潜力。应将科技创新型人才界定为所有切实从事科研工作并在其领域具有一定贡献的技术工作人员。从科技创新人才具备的素质角度来看，科技创新人才应具备过人的科技创新能力，是切实从事科研项目并为科技发展和社会进步做出重大贡献的人才。科技创新人才有别于其他类型人才的根本点在于他们具有很强的科研创新能力、学习能力以及对科研成果的浓烈渴求。从所从事的工作角度来看，科技创新人才不同于其他类型人才的根本点在于其稀缺性和专业性。稀缺性是指富有高水平、高能力、高效能特点的人才；专业性是指在某一领域有颇高造诣，体现较强的专业性，而且切实从事科研活动并为科技发展和社会做出重大贡献的人才。

所谓科技创新人才，一定是富有创新意识和创新能力，能采用科学的思维方式和技术方法，运用丰富的科学知识和实践工具，借助一定的设备和设施，通过探索研究、交流研讨和开发应用等手段，去发现客观规律、改进产品效能、开发新技术，孵化新应用场景等，为社会经济发展、企业经营管理等创造经济和社会效益的人才，是能提出问题并有效解决问题的人才。

（二）科技创新型人才特质

1. 具有超强的创新能力

超强的创新能力是科技创新人才的主要特征，也是区别于其他种类人才的基本点。科技创新能力的强弱关乎科研创新结果的质和量，较强的科技创新能力包含超强的科研创新意识、前卫的科研创新理念、丰富的科研创新想象力、扎实的科研基础知识、深厚的专业造诣和渊博的人文社科常识等。

2. 具有超强的学习能力

超强的学习能力也是其有别于一般人才的另一个明显特征。不断提升自身素养，不断学习新知识、新本领，就要求其有较强的学习能力。不断创新学习方式，从不同角度学习，向各类型人群学习，在实践过程中学习等，以科研活动本身的需求为出发点，用最少的时间，以最高的效率，学习最必要的知识，因此科技创新人才必定是善学型人才，是能够产生高绩效的人才。

3. 具有坚韧的创新精神

科技创新型人才必须具备良好的献身精神和进取意识、强烈的事业心和历史责任感等可贵的创新精神。创新精神是人才参与创新活动的内在驱动力，是人才创新能力得以发挥的潜在动力，也是人才持续创新的根本保证。创新是一个探索未知领域和对已知领域进行破旧立新的过程，定会遇到重重困难、挫折甚至失败。科技创新型人才要具备非凡的胆识和坚韧不拔的毅力，以及良好的承受失败与挫折的能力，这样才能不断战胜创新活动中的种种困难，最终实现理想的创新效果。

4. 具有敏锐的洞察力

从本质上讲，创新就是一种突破性的发现。创新型人才必须具有敏锐的观察能力、深刻的洞察能力、见微知著的直觉能力和一触即发的灵感和顿悟，不断地将观察到的事物与已掌握的知识联系起来，发现事物之间的必然联系，及时发现别人没有发现的东西；创新型人才的思维方式必须是前瞻的、灵活的、独创的，以保证在对事物进行分析、综合和判断时做到独辟蹊径，从而产生新颖、独特并且有社会价值的思维产品。

5. 具有敏捷的思考力

对于科技创新人才来说，善于思考与坚定的自信心是他们进行创造科技活动时应具备的基本特征，应贯穿于他们创造活动的始终。思考能力是科学家是否拥有科学生命力的关键标识。思考是人们对客观事实间接的总结和反思活动，它反映了客观事实的普遍特征和定律的关系。优秀的科学家一生都在勤于思考，他们的成功与善思有着密不可分的关联。牛顿说："思索，继续不断地思索，以待天曙，渐渐的见及光明……如果说我对世界有些微贡献的话，那不是由于别的，却只是由于我的辛勤耐久的思索所致。"爱迪生也说："我的一切发明都是经过深思熟虑，严格试验的结果。"勤于思考，对于科学家来说，不仅仅是一种品质特征，而且已经成了他们的习惯。思考不仅要勤，还要敏捷、迅速。敏于思考首先表现为反应快。一是在探索、实验过程中，对于新现象的出现，应该具备快速接纳的能力，并能够对其做出推断；二是对于累积了一定数量的感性材料，要快速地做出理性上的概述，由感性认知转换到理性认知；三是对测量与计算、表象与原理、假设与实质中间存在的一些悖论或冲突，快速做出反应和推断。一旦解决了这些悖论和冲突，便会引发科学领域的革新。

（三）科技创新型人才成长规律

人才的成长具有一定的规律性，在成长过程中呈现一定的阶段性特征。

科技创新人才作为一个特殊的群体其成长过程同样表现出一定的阶段性特征。从人才成长规律看科技创新人才，一般经历学习、成长、成熟、衰退的过程。科技创新人才成长过程可分为成长预备阶段、适应发展阶段、成熟稳定阶段、全盛与衰退阶段。

1. 成长预备阶段

科技创新人才首先要经历成长预备阶段，这一阶段是科技创新人才的素质积累与起步阶段，是科技创新人才成长的重要基础与前提。科技创新人才在这一阶段要掌握较扎实的基础理论知识，逐步培养起从事科技研究的能力与科技创新的精神，初步参与到科研工作中，对科研工作有初步的认识。

科技创新人才在这一阶段逐步培养出从事科技创新的理想，并立志从事科技创新活动，富有理想与抱负。这一阶段也是完成理论知识与科技技能积累的阶段，这个时期的科技创新人才会在个人经历与教育基础上形成创新理念、培养创新能力、积累创新知识与技能。所以这个阶段的科技创新人才已经具备了一定的理论知识和专业技能，为科技创新人才日后的发展与成长奠定了坚实的基础，对科技创新人才的知识储备、能力培养、创新精神的培育具有重要的意义。

2. 适应发展阶段

适应发展阶段是指科技创新人才步入工作岗位的最初几年，这个阶段是科技创新人才了解社会环境、工作环境，掌握工作技能和技巧，培养其实践能力与实际操作能力的时期，也是其运用所掌握的理论知识进行实践的"磨合期"。科技创新人才在这一阶段需要进行理论与实践的结合，用理论指导实践，并通过实践来深化对理论的认识，需要科技创新人才不断调整自己的信念和工作态度，不断完善自己的知识结构，并不断调整自己的工作方式，以克服对于科技创新活动的不适应。该阶段，科技创新人才主要是适应社会环境，探索应对策略，不断地调整专业目标，逐步适应其岗位角色。

经过这一段时期的"磨合"，科技创新人才会不断地成长起来，其专业技能、实践经验和实践能力会有显著的提高，团队合作精神不断增强，并在主观上逐步具有承担科研创新任务的愿望，其所在的单位也希望其能够发挥更大的作用。这就要求科技创新人才对其知识结构进一步优化，技能水平进一步提高，不断深化其专业理论水平，提高其专业技能，不断提高其创新水平，全面了解相关专业领域的最新研究成果与技术动态，发现并提出一些有助于推动本领域科技水平发展的新建议与新课题，并勇于付诸实践。在这一阶段是科技创新人才将理论应用于实践，并根据实践中出现的问题，提出新问题，探索新领域的阶段。

3. 成熟稳定阶段

这个阶段是科技创新人才经过长期的理论学习与不断的实践锻炼，积累了坚实的科技创新经验后，进入一个相对稳定的创造性角色。这个阶段的科技创新人才通过学习和积累，探索和实践，其创新能力、实践能力都有显著的提高，专业信念逐步确立，能够承担更大的任务，能够按照个人理念比较自由的处理事情，并逐渐摆脱常规的约束，探求新理论与新方法的突破口与切入点，从而形成成熟的工作方法。

本阶段，科技创新人才的专业角色渐渐形成，将逐步摆脱对外界的依赖，形成自主创新的意识，能够独立地攻克科技创新活动中的一些关键问题和难题，科技创新人才成长为科技创新的主要承担者，并具有驾驭攻克复杂问题的能力，具有敏锐的洞察力，能够抓住本领域中的前沿问题与关键问题，能够有效地整合各种资源要素，领导或帮助团队完成一些具有挑战性的课题。

4. 全盛与衰退阶段

经历迅速发展与稳定期，科技创新人才的综合能力发展到一个鼎盛时期，并持续一段时间，开始进入一个停滞或退缩阶段。在全盛时期，科技创新人才的科技创新能力与水平将达到顶峰，团队协作精神与能力大幅提高，在其专业领域已取得有影响的科技创新成果，并能够引领和推动本学科的发展，能够提出具有导向性和前瞻性的科研方向和问题，能够领导或协助其所在的科技创新团队攻克重大的、关键性的科技难题。

进入全盛阶段后，科技创新人才会进入一个衰退阶段，这一阶段科技创新人才在科技创新活动中，会逐渐感觉到力不从心，他们的科技创新的内在驱动力表现不足，很难实现自我超越，其个人发展步入一个"高原期"，表现为思想僵化、创新激情与创新动力不足、职业倦怠、抗拒变革、独断专行等，甚至有些科技创新人才沉迷于创造期的成果，停滞不前。科技创新人才的停滞与衰退期的持续时间各不相同，衰退的时间主要与科技创新人才所处的环境和科技创新人才的主观因素有关，有些科技创新人才的衰退时期相对短一些，而有些科技创新人才的衰退期则长一些，甚至一直持续到退休。因此，科技创新人才进入全盛期后要不断自我超越，并保持其持续创新的能力。

二、科技创新型人才开发理论

（一）人才开发理论

1. 人才资本理论

人才资本是能够带来创造性和巨大贡献的，以知识、技能等因素形成的资本形态。人才资本是具有较强的专业技术能力、管理能力、科研创新能力的创新型人才所具有的价值存量，更加体现了创新型人才的特征。人才资本理论是构建企业对创新型人才管理机制的重要理论依据，科技企业的特点在于为知识密集型、技术创新投入高，所以人才资本对其的可持续发展起着决定性作用。实现企业技术创新需要依赖大量的创新人才，科技型企业的发展无法离开技术创新，因此科技型企业将越来越重视创新型人才为其带来的巨大推动作用。创新人才作为企业技术创新的源头，其人才资本要素的存量会对企业能否充分、有效实现技术创新起到至关重要的作用。

基于人才资本理论，在制定企业创新型人才管理机制时，基于人力资本的理论基础上，还要考虑人才资本的创新型、增值性、潜在性和流动性等特点。重点关注创新型员工的人才资本产生的经济效益，除了科技创新，还应重视其他科技、管理、信息平台等多方面的新知识和创新。

2. 人才激励理论

企业工作中员工往往会受到来自外界和内部的不同因素刺激，刺激的作用之下，其工作能力、思维智力和体力体能会对自身行为产生一定推动。心理学通过长期研究发现，动机是行为发生的必要条件，经过行为从而达成人的目标，在自身要求得到满足的同时，紧接着新需求又会持续产生，这个过程一直循环不断反复，人的需求层次慢慢开始提高。在现代企业对于人才的管理过程中，企业管理者唯有不断帮助人才满足和创作所必须的需求，从而增强人才的工作动机，企业才能够实现其战略发展目标。双因素理论和期望理论的思想尤为重要。

20 世纪 60 年代，弗雷德里克·赫茨伯格（Frederick Herzberg）提出了双因素理论，即激励保健理论（motivator hygiene theory），该理论认为公司人才绩效表现受到保健和激励两个因素影响。具体来说，"激励因素"是能让员工在工作中觉得满意的内部因素，如工作内容本身、工作成就、晋升前景、工作挑战性等，激励因素得到满足会令员工的态度和行为产生积极的激励作用。与工作关系或者工作环境有关的外部因素统称为保健因素，如薪酬、组织环境、人际关系等，这些因素往往不能激励人才产生更积极的态度和行为，但是当这类因素不能得到满足，就可能产生消极负面的影响。

维克托·弗鲁姆 1964 年在《工作与激励》中提出了期望理论，该理论体现了人才的行为结果对其的意义，吸引程度能够决定人才做这个行为的倾向强度。可以用以下公式来表示

激励力（M）＝效价（V）×期望（E）。其中，激励力是指激发人才的内在动机或主动性的程度。效价（V）直接影响人的努力程度，是完成任务对实现人才个人的需求满足程度或重要程度。

效价越高，个人努力程度也越高，反之亦然，两者呈现高度的正相关关系，数值区间在 $[-1, 1]$。期望（E）是进行一定的努力能够实现需求的可能性，如果自我感觉可能性太低，即使效价高，也不会有很高的积极性，其数值区间为 $[0, 1]$。期望理论是一个运用较为成熟的理论，近年仍然被很多学者用于分析激励机制、薪酬设计、创业意愿、科研产出等各方面，应用广泛。

因此，在人才竞争日益激烈的环境下，科技企业如何激励人才、留住人才是其要面对的关键问题，构建一个能够符合人才期望且公平、科学的管理体系对企业具有重要的现实意义。

（二）组织能力杨三角

1. 模型简介

VUCA 时代，企业的持续发展还能以不变应万变吗？当代著名华人管理大师杨国安给出的答案就是组织能力："这不是指个人能力，而是一个团队所发挥的整体战斗力，是一个团队或组织竞争力的 DNA（基因），是一个团队能够明显超越竞争对手、为客户创造价值的能力"。一方面是很强的组织能力，另一方面是清晰的战略目标，这是企业持续成功的关键因素。

杨国安认为，组织能力的培养，需要由外向内地思考，而且要有与战略相关的组织能力。杨国安基于自己多年的思考与丰富的管理实践，提出了著名的"杨三角"理论，"杨三角"由员工能力、员工思维模式和员工治理方式三个方面组成，如图 2-1 所示。

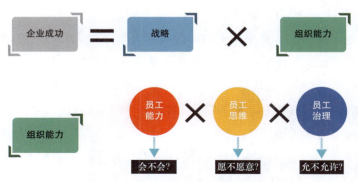

图 2-1　组织能力杨三角模型

员工能力、员工思维、员工治理是组织能力的三个支柱，是一个团队（或组织）竞争力的 DNA，是一个团队在某些方面能够明显超越竞争对手，为客户创造价值的能力，而这三根支柱也有顺序先后之别。

一是员工能力，即员工必须具备相关的能力或潜在技能。当组织能力被界定为追求低成本能力的组织时，要求员工具有很强的成本节约意识及执行力等。

二是员工思维，员工有成就组织力的能力不代表会自觉自愿地去做，因此，需要用社会主义核心价值观、文化以及其他管理手段去激励员工，引导每天在工作中所关心、追求和重视的事情，与公司所需的能力匹配。

三是员工治理，员工有能力且也愿意做了之后，接下来就是搭平台。企业必须考虑如何设计组织架构、如何授权以充分整合资源、流程及系统等。

与此同时，在组织能力杨三角模型中，这三根支柱缺一不可，且组织能力若要坚实，三根支柱打造必须满足两个条件：一是平衡，三根支柱长度一样，没有短板；二是匹配，三根支柱必须与所需的组织能力协调一致，这样才能与战略契合，实现企业成功。

2. 模型体系内容

明确了组织能力定义之后，便是如何打造组织能力，应用"杨三角"模型，确保战略的实施。要解决这个问题，应该由外而内思考，必须先分析自身所处的经营环境，制定正确的战略方向。依据选定的战略方向，明确两三项与战略最直接相关的组织能力，如创新、低成本、服务等。以公司所需的组织能力为基础，明确三根支柱。

（1）员工能力。支撑组织能力的第一个支柱是员工能力，即公司全体员工（包括中高层管理团队）必须具备能够实施企业战略、打造所需组织能力的知识、技能和素质。也就是说公司员工会不会，能不能做出与组织能力（如创新、低成本、服务等）匹配的决策和行为。如何培养员工能力？企业需要回答以下几个具体问题：

1）要打造所需的组织能力，公司具体需要怎样的人才？

2）人才必须具备什么能力和特质？

3）公司目前是否有这样的人才储备？

4）人才主要差距在哪里？

5）如何引进、培养、保留、借用合适的人才和淘汰不合适的人才？

（2）员工思维。员工会做不等于愿意做，因此打造组织能力的第二个支柱是打造员工的思维模式，让大家每天在工作中所关心、追求和重视的事情与公司所需的组织能力匹配。公司要考虑的具体问题包括：

1）什么是人才需具备的思维模式和价值观？

2）如何建立和落实这些思维模式和价值观？

（3）员工治理。员工具备了所需的能力和思维模式之后，公司还必须提供有效的管理支持和资源才能容许这些人才充分施展所长，执行公司战略。在员工治理方面，公司要考虑的具体问题包括：

　　1）如何设计支持公司战略的组织架构？

　　2）如何平衡集权与分权以充分整合资源，把握商机？

　　3）公司的关键业务流程是否标准化和简洁化？

　　4）如何建立支持公司战略的信息系统和沟通交流渠道？

　　与此同时，公司在打造三个支柱方面，还有许多工具可以选取运用。如，在打造员工能力方面，用胜任力模型，通过行为评鉴中心、360 度反馈等评估手段，盘点人才，建立人才培养体系；在打造员工思维模式方面，可以运用平衡计分卡、KPI 设定及下达、客户满意度调查表、激励计划等；在打造员工治理方面，可以用流程再造、六西格玛、客户管理系统、ERP、知识管理等。这些工具与"杨三角"综合使用，将会产生较好的效果。

　　3. 模型应用

　　组织能力是"杨三角"理论模型应用的核心，从"规划"与"诊断"两方面介绍组织能力的应用模板，结合公司实际情况进行优化与修订，应用"杨三角"对组织诊断，实现企业成功。

　　（1）组织能力规划模板。公司可以就组织能力建设进行两三天的研讨会，参与人员包括总经理、人力资源主管和直线主管，他们就公司要打造的组织能力和具体的行动方案展开脑力振荡，达成共识。战略人力资源规划的重点是要优先考虑两三种主要组织能力和几项人力资源举措，如表 2−1 所示。

表 2−1　　　　　　　　　　　组 织 能 力 规 划

概念	问题	看法
经营环境	影响公司成败的战略趋势有哪些？ （1）技术发展。 （2）客户和市场变化。 （3）竞争对手。 （4）法令改变。 （5）供应商。 （6）其他	

概念	问题	看法
战略方向	在这些战略趋势下如何取胜？ （1）公司想在何处竞争？ 1）产品。 2）地区市场。 3）目标客户群。 （2）我们如何超越竞争对手？ 1）成本领先、技术领先。 2）客户导向、服务、速度。 3）质量、便利性、其他	
组织能力	我们需要何种组织能力？ （1）确定两三个关键的组织能力。 （2）如何衡量这些能力成功与否	
人力资源体系	人力资源（管理体系）如何设计？ （1）人员配置。 （2）发展、评估、奖励。 （3）组织设计、信息传递	

（2）组织能力诊断工具。根据企业自身的实际情况，设计评估战略、组织能力和三大支柱的相关问卷，并让公司不同层级和部门的主管、员工填写问卷，以了解公司在这些方面的现状和存在的问题，实现对公司组织能力的诊断，如表 2-2 所示。

表 2-2 　　　　　　　　　组 织 能 力 诊 断

满意度概念	1	2	3	4	5	6	…
战略 1. 我清楚地知道公司的战略方向 2. ……							
组织能力 1. 和主要竞争对手相比，我们公司的产品具有更好的竞争力 2. ……							

续表

满意度概念	1	2	3	4	5	6	...
员工能力 1. 公司清楚了解执行新战略所需的人才 2. ……							
员工思维 1. 公司清楚了解执行新战略所需的核心价值观和行为准则 2. ……							
员工治理 1. 公司请清楚了解执行新战略所需的组织架构 2. ……							

（三）胜任力模型

现阶段对胜任力的研究主要集中在胜任力模型的定义、胜任力模型的构成要素、胜任力模型的构建与应用三个方面。

1. 胜任力模型发展历程

20 世纪 60 年代后期，美国国务院在选拔外交官的过程中感到仅仅以智力因素为基础选拔有些太简单了，而且很难判断。很多看起来智力不错的人才在实际工作中的表现非常让人失望，在这样的情况下，美国国务院邀请麦克利兰教授想一想"究竟如何更准确地判断某个人是否合适外交官职位"。麦克利兰在选拔外事信息官员的过程中，发现个体的态度、价值观和自我形象，动机和特质等潜在的深层次特征，能够比知识和智力更好地预测一个人在某一工作（或组织、文化）中的表现。1973 年，麦克利兰教授在《美国心理学家》杂志发表了《测量胜任力而非智力》的文章，并对胜任力下了明确的定义。胜任力模型发展历程如图 2-2 所示。

2. 胜任力模型内涵

胜任力模型具体含义为：对企业或组织中的某岗位，依据其岗位职责要求，能够很好完成岗位职责而所需要的集中能力表现。它能够具体指明从事本岗位的人需要具备什么样的品质、能力等才能更好地胜任，是人们自我能力提升与学习精进的指示器，是区别卓越成就者与表现平平者的个人深层次特征，是驱动员工产生优秀绩效的各种个性特征的集合。与此同时，人力资源管理工作或岗位直线负责人可依据胜任力模型对员工进行有选择、有针对性的辅导，使员工具备胜任该岗位职责的能力要求。胜任力模型也可以作为人力资源管理工作者对企业或组织员工进行职业生涯规划，或指定企业或组织员工培训规划的重要依据。

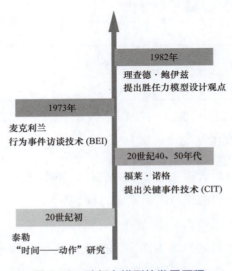

图2-2　胜任力模型的发展历程

3. 胜任力模型要素特征

胜任力模型的类型分为核心胜任力、专业胜任力、通用胜任力三种，构成要素包括 6 大类，20 个胜任特征。

（1）六大类构成要素。随着对胜任力模型的深入研究，胜任力模型会有很多不同形式的表达方式，胜任力模型的构成要素包括关键的六个维度，即知识、技能、社会角色、自我形象、品质、动机，如表 2-3 所示。

表 2-3　　　　　　　　　胜任力模型六大维度要素与解释

维度要素	维度解释
知识	指结构化地运用知识完成某项具体工作的能力，即对某一特定领域所需技术与知识的掌握情况
技能	指个人在某一特定领域拥有的事实型与经验型信息

续表

维度要素	维度解释
社会角色	指一个人留给大家的形象
自我形象	是一个人对自己的看法，即内在自己认同的本我
品质	指个性、身体特征对环境与各种信息所表现出来的持续而稳定的行为特征。品质与动机可以预测个人在长期无人监督下的工作状态
动机	指在一个特定领域的自然而持续的想法和偏好（如成就、亲和、影响力），它们将驱动、引导和决定一个人的外在行动

胜任力模型可使企业或组织 HR 没必要深入研究胜任力模型的理论知识，只需要了解衡量和搭建胜任力模型的六个维度，就能够很好地运用胜任力模型用于企业人才开发。常用的胜任力模型包括冰山模型与洋葱模型。

1）冰山模型。所谓冰山模型，就是将胜任力模型的六大维度要素，以水面为界限，将冰山整体划分为显性的、表象的、容易观察的冰山上部分和潜在的、隐性的、难以观察的冰山下部分，如图 2-3 所示。

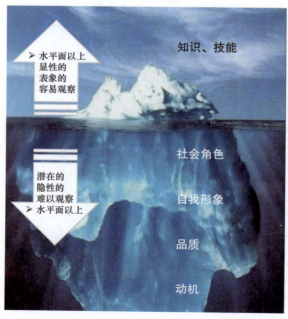

图2-3　冰山模型

2）洋葱模型。洋葱模型是把胜任素质由内而外概括为层层包围的结构，是在冰山模型基础上的演变，对潜在的、隐性的，难以观察的冰山下部分更细致地划分。洋葱模型中，最核心的是动机，然后向外依次展开为品质、自我形象、社会角色、技能、知识。越靠近洋葱的外层，越容易培养与评价；越靠近洋葱的内层，则越难以评价和习得。洋葱模型如图2-4所示。

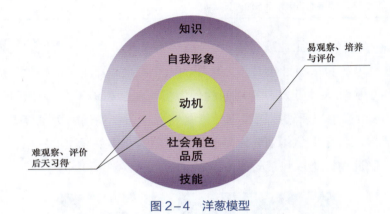

图2-4　洋葱模型

3）KF4D 全人模型。光辉国际（Korn Ferry，NYSE：KEY）KF4D 全人模型的四个维度分别为能力、经验、特质和动力。KF4D 全人模型解答"我们需要什么样的人才？""谁将会取得成功？""谁具备领导力潜质？""谁在晋升上已经就绪？""谁与企业文化契合？""团队成员匹配度如何？""如何弥补人才缺口？"等问题，如图2-5所示。

（2）20 个胜任特征。针对胜任力六大构成要素，心理学家们把胜任力素质细化分为了 6 个特质族群，20 个胜任特征，每个胜任特征有细分级别。20 个主要胜任特征对人们的知识、技能、社会角色、自我形象、品质、动机作了更全面的概括，形成了人才胜任素质的系统模型，如表 2-4 所示。

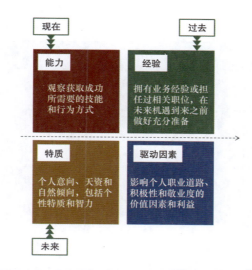

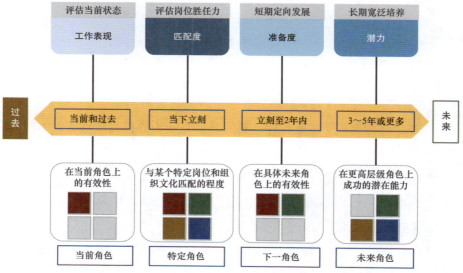

图2-5　KF4D全人模型

表2-4　　　　　　　　　　　　　20个胜任特征

特征族群	特征数量	特征要素
成就与行动族	4	（1）成就动机。 （2）主动性。 （3）对品质、次序和精确度的重视。 （4）信息采集、收集意识和能力

续表

特征族群	特征数量	特征要素
帮助与服务族	2	（1）人际理解能力。 （2）客户服务导向
冲击与影响族	3	（1）影响力。 （2）关系建立能力。 （3）组织认知能力
管理族	4	（1）培养他人意识与能力。 （2）团队合作精神。 （3）团队领导能力。 （4）命令/果断性
认知族	3	（1）分析式思考能力。 （2）概念式思考能力。 （3）技术、职业、管理专业知识
个人效能族	4	（1）自我控制。 （2）自信。 （3）弹性。 （4）组织承诺

1）成就与行动族。成就与行动族的胜任特征为如何完成任务、如何达成目标，反映的是一个人对设定目标和采取驱动目标实现的行动。该特征族通常不会直接涉及与其他人之间的关系，但事实上，无论是提高生产率还是改进工作绩效的行为都或多或少地实践着影响他人的能力以及为达成目标而运用的信息搜集能力。

2）帮助与服务族。帮助与服务主要体现在愿意满足别人的需要，使自己与他人的兴趣需要相一致，以及努力满足他人需要等方面。该族的胜任特征既能单独影响人的行为，同时也能够支持影响族与管理族的胜任特征发挥作用。

3）冲击与影响族。冲击与影响族反映的是一个人对他人的影响力大小，常被称为"权力动机"。该族的胜任特征可以作为其他特征族发挥作用的基础，包括帮助与服务族、管理族和成就与行动族等，该族中的胜任特征能够在企业中发挥积极的作用，常常受到企业中各方面利益导向的影响，如果利用冲击与影响族中的特征，以整个企业利益为代价换取个人成就，特征评价上只能为负值。

4）管理族。管理族反映的是影响并启发他人的胜任特征，它是"冲击与影响"胜任特征中的一组特殊才能。通过这些特征可以传达具有不同效果的意图或目标，包括培养他人、指导他人、增强团队合作等。这些对于管理者来说是非常重要的。

5）认知族。认知能力是个体设法了解情况、任务、问题、机会或知识的主体，是帮助一个人了解和认识外界事物的基本条件，认知族的胜任特征通常与工作的实际内容相联系，同时也是支持影响力族和管理族发挥作用的基础。

6）个人效能族。个人工作效能反映出个人与他人以及工作的相关性，该族的胜任特征决定了一个人在遇到紧急事件时，排解压力、解决困难等一系列行为的有效性，同时也支持着其他特征族发挥作用。

4. 胜任力模型构建应用

胜任力模型研究一般有两个核心，模型构建与模型应用。模型构建的科学与否，直接影响到模型的质量以及模型的应用。因此，胜任力模型的构建是基础和重中之重。

（1）胜任力模型的构建前提。胜任力模型构建的基本原理是辨别优秀员工与一般员工在知识、技能、社会角色、自我认知、品质和动机方面的差异，进而找出核心的胜任力因子，通过数据收集和分析，构建胜任力模型框架。因此，建立胜任力模型之前，应从宏观和微观两个方面进行说明，宏观上，应了解建模指导思想，才能体现模型应用的战略意义；微观上，对建模技术充分了解、建模方法使用恰当、建模流程全面掌握，提前筹备，才能提高胜任力模型应用的有效性。

（2）宏观层面：胜任力模型构建的指导思想。

胜任力模型作为战略性人力资源管理工具，为了实现企业战略目标，在构建之前应明确五方面的指导思想：

1）审视组织的使命、愿景和战略目标，确认其整体需求；

2）以公司的经营策略为导向，公司的中、长期发展为目标；

3）以人力资源战略和组织结构为基础；

4）与组织文化相契合；

5）与绩效管理体系挂钩。

当然，不是所有企业都具备构建胜任力模型的条件。通常，公司发展战略目标清晰，企业文化较为先进开放，绩效管理体系较为健全（有至少 3 年完整的绩效管理数据）的组织才适合建模。

（3）微观层面：胜任力模型构建的技术、方法与流程。

1）胜任力模型构建技术。构建胜任力模型时，需要使用一些技术工具，常用的有行为事件访谈法、专家小组讨论法、问卷调查法。

a）行为事件访谈法。行为事件访谈法又称为 BEI（behavioral event interview），是 20 世纪 70 年代初由麦克利兰为美国政府甄选驻外联络员的过程中创立的，是迄今为止归纳个人特质最复杂、最有效且最为常用的建模技术。

BEI 的应用条件必须满足：① 必须有足够数量高绩效员工和一般员工的样本；② 高绩效员工有较高的区分度，这个条件也是影响胜任力模型建立的重要因素。

BEI 的应用过程：① 对业绩优秀和一般的员工采取一对一的访谈形式，或小组集体访谈；② 让被访谈者列举实际工作中成功的和失败的典型事件，特别是其在整个事件中所充当的角色、表现以及事件最终的结果等；③ 汇集、整理所有被访谈对象的访谈记录，对照两个小组的区别；④ 对访谈结果进行筛选、编码、分级等数据分析过程；⑤ 归纳出导致两组人员工作绩效差异的一些关键行为特征，提炼出不同岗位任职者必备的胜任力组合。

b）专家小组讨论法。专家小组讨论法是由目标群体的上级领导、骨干成员、工作相关者组成的专家小组，通过对目标群体的职责、角色、环境等集体讨论，以头脑风暴或金字塔分析法找出所需的胜任力，再经过几轮筛选和调整，确定最终方案。

专家小组法的应用过程：① 通过将专家、管理层、部门经理以及对岗位较熟悉的员工组织起来,成立一个工作小组;② 小组成员就某个岗位的胜任力展开高度联想,充分发言,将头脑中的想法、意见、建议毫无保留地叙述出来,以尽可能激发创造性,产生尽可能多的设想或方案;③ 在讨论中及时记录小组成员的发言,逐一经过筛选、分类、分级等专业处理的过程,从而构建企业的胜任力。

c)问卷调查法。问卷调查法是将被调查的问题有条理、有逻辑地罗列在调查表中,让被访者如实回答。问卷调查法是咨询机构以及研究机构最为常用的构建胜任力模型的技术,它采用结构化的问卷表对岗位所要求具备的胜任力进行调查。

问卷调查法的应用过程:① 通过查阅文献、访谈、讨论、解读工作说明书,分析目标群体的岗位职责、任务、角色、工作环境、工作团队或专业领域,列出有可能的胜任力,将之分为4~5个层级并赋值,形成调查问卷;② 作360度或180度调查;③ 根据调查结果中胜任力词条出现的各层级的频数和均值,识别目标群体的胜任力。

2)胜任力模型构建方法。构建胜任力模型的方法主要有归纳法、演绎法、移植法这三种。胜任力模型建模方法比较如表2-5所示。

表2-5　　　　　　　　胜任力模型建模方法比较

内容比较	构建方法		
	归纳法	演绎法	移植法
方法内涵	通过对特定员工群体个人特质的发掘和归纳胜任力	从企业使命、愿景、战略及价值观中推导目标群体所需要的胜任力	对其他建模方法所得结果的再次开发
关键技术	行为事件访谈法问卷调查法	专家小组讨论法	参考较为广泛领域中某类人群的概念性模型
建模周期	长	中等	短
建模成本	高	中等	低廉
建模技巧	难度高,专业性强	讨论工具掌握不好,易出现"少数服从多少""以大压小"的情况	对胜任力相关知识有基本掌握

续表

内容比较	构建方法		
	归纳法	演绎法	移植法
应用效果	最佳	中等	一般
使用范围	组织发展处于较高水平的成熟企业	专业咨询公司	中小型企业自主开发
优势	通过访谈，能够挖掘员工的能力水平、个性品质、动机等深层次胜任特征	推导明确而完整，有利于发掘组织对未来胜任力需求，最终有益于企业根本性目标的实现	省钱、省时、省力
缺陷	只着眼于微观和具体，缺乏宏观和大局性的考虑，在系统性、未来性上有所欠缺	相当程度上依赖个人经验和认知水平等主观因素	移植来的胜任力很难嫁接在具体的企业中，需要根据实际移植，验证、修订后方可采纳

　　近年来，也有企业将上述三种方法的优势综合在一起使用，形成了新的方法综合法。如，先自上而下以演绎法从几个维度建模，再以归纳法自下而上验证，同时采用移植法，对其他企业胜任力模型进行借鉴，最终形成适合自己企业的胜任力模型。综合法从多个角度系统建模，既兼顾对成本和周期的考虑，又整合性地运用数据分析，为胜任力模型的建立提供妥善且平衡的依据、成本分析等各方面因素的途径。在分析的全面性和深入性上是任何一种单一建模方法都无法比拟的。

　　3）胜任力模型构建流程。胜任力模型的构建流程简单来说就是资料收集、调查研究、模型确定、结果验证四个步骤，具体构建流程如图2-6所示。

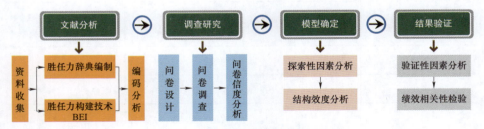

图2-6　胜任力模型构建流程

a）文献分析。

① 资料收集。资料收集的目的是对胜任力模型的应用对象有全面的了解与认识，为编制胜任力辞典提供参考。在收集时主要有三方面：其一，分析收集应用对象的组织结构特点、职位特征；其二，高层访谈，收集应用对象所处行业的发展战略，了解核心竞争优势，明确核心业务流程，确定关键绩效领域；其三，相关文献资料的研究，利用关键词在网络平台或图书馆收集相关书籍、期刊、论文等资料，初步掌握所需胜任力要求。

② 胜任力辞典编制。在资料充分收集后，归纳出应用对象所有可能的胜任力项目，借鉴世界 500 强企业或同行业优秀企业通用、专业、核心胜任力辞典的描述，并结合实际对其修订，编制完整的应用对象胜任力辞典。包括胜任力因素的名称、定义、等级描述等。

③ 选择胜任力构建技术，BEI 流程设计。采用"双盲"设计，即受访者不知道样本选取的优秀组与一般组之分；访谈者也不知道受访者属于优秀组或一般组。根据专家小组和项目成员设计的 BEI 访谈提纲，由经验丰富的心理学工作者对受访者实施 BEI，并对访谈内容进行录像、录音，便于后期统计与分析。

④ 编码分析。即对 BEI 访谈结果进行分析。首先，准备编码工作。成立编码小组，隐去所有访谈中受访者的姓名，统计分析，整理定稿。其次，处理一致性分析。为确保优秀组和一般组在各胜任力因素上的差异不是由访谈长度引起的，需要对两组访谈长度进行独立样本的"T"检验，确保两个样本应该是相互独立的事件，且样本来自两个总体应该服从正态分布规律。第三，一致性分析。根据胜任力辞典，各成员分别独立分辨 BEI 中关键事件出现的胜任力行为描述，对其归类。用时需要注意，由于不同成员的理解有差异，需要进行归类一致性分析。第四，统一归类编码。计算编码小组成员之间的归类一致性，统一有争议的归类，对代表胜任力的行为描述正式编码，并标注胜任力的评价等级。最后，胜任力差异分析。根据编码汇总的结果，对其进行差异分析，找出区分优秀组和一般组的胜任力因子。通常有三种检查差异显著性的指标，分别是频次、平均评价等级分数、评价等级最高分。

b）调查研究。

① 问卷设计。问卷的组成部分。一是被试者的个人基本情况，包括姓名、性别、年龄、学历、从业年限、职务、职称等基础资料；二是问卷的主体部分量表，由若干代表初始鉴别性胜任力因子的典型行为描述作为量表的题项。要求被试者根据表中题项与他们有效工作的相关性，对胜任力的重要程度评级。问卷初步编制完成后，专家小组还需对选题项的文字表述进行讨论，确保没有难懂、歧义的题项出现，将题项随机排序，形成调查问卷。

② 问卷调查。问卷设计好后，就可以大规模发放问卷，或书面问卷或网络电子问卷。在规定时间内，回收问卷，并对所回收的问卷进行筛选。剔除问卷中有大面积遗漏、空白的，问卷填写随意、不认真的，同一题目多个选项回答的等。

c）模型确定。

① 探索性因素分析。因素分析可从众多可观测的"变量"中，概括和推论出少数不可观测的"潜变量"。其目的是揭示变量之间的内在关联性，简化原始变量结构，减少变量维数，便于发现复杂问题的规律或本质。因素分析的基本原理是通过研究原始变量相关系数矩阵的内部依赖关系，找出控制所有变量的少数几个不可观测的公共因子，描述原始变量之间的相关关系，将每个变量表示成公共因子的线性组合，并根据相关性的大小把变量分组，使同组内的变量之间相关性较高，不同组内的变量的相关性较低。

② 结构效度分析。结构效度是指量表能测量到理论的构想或特质程度。分析的意义是根据因素分析的结果，了解隐藏在题项背后的内部因素结构，从而增强认识和分析事物的客观性、科学性和准确性。分析结构效度主要参考因素分析的数学指标有累积方差贡献率、共同度和因子负荷量。一般情况下，各公共因子累积方差贡献率达到60%以上，表明量表具有良好的结构效度。

d）结果验证。通过探索性因素分析和结构效度分析，得到的胜任力模型属于理论模型或构思模型，该模型适用于员工甄选、培训与开发。但是，如果该模型是用来绩效评估，尤其当胜任力决定薪资水平时，有必要进一步验证模型的有效性。

① 验证性因素分析。采用交叉验证方法进行验证性因素分析，即在一个样本中先用探索性因素分析找出变量可能的因素结构，再在另一个样本中采用验证性因素分析去验证。用建模软件对第二次正式问卷调查的有效问卷进行验证性因素分析，若模型拟合良好，则能够验证问卷量表具有良好的构思效度。

② 绩效相关性检验。引入绩效考核系数作为胜任力模型的验证效标，分析绩效考核系数与胜任力模型各维度间的相关程度，剔除与绩效相关关系不显著的维度，相关性分析旨在论证胜任力模型中的各项维度对应用对象的业绩水平上的支撑作用。通过作用于与其自身相关度较高的胜任力因子从而以直接或间接的方式影响应用对象的绩效水平。

5. 胜任力模型应用误区

胜任力模型在企业实践应用中已愈发广泛和深入，但由于对胜任力理念理解、应用层次、应用方法等方面的认知不足，导致众多企业在实际应用中陷入了误区，限制了胜任力模型的作用发挥。

（1）理念上的误区。在胜任力模型的构建中，冰山模型被广泛认可与应用，但在实际研究和应用上出现了不同的选择，主要集中在两个问题上：其一，胜任力是否包含外部显性特征，换句话说是否包括知识与技能？其二，胜任力的认定是以区别绩效优劣为标准，还是以达到优秀绩效为标准？围绕这两个问题，随之也产生了四种代表性的观点。

1）观点一：胜任力是能够将某职位上优秀员工和一般员工区分开来的潜在的、稳定的特征。

2）观点二：胜任力是能够区分优秀员工和一般员工的个体特征的总和，包括潜在的个性特征，也包括显性的知识、技能要素。

3）观点三：胜任力是优秀员工个性中深层子和较持久的部分，显性为思维和行为的方式，能够预测多种情景和工作中表现的素质特征。

4）观点四：胜任力是达到优秀绩效所具备的知识、技能和个性特征的综合要求。

前两个观点是从区别优秀和一般员工的角度出发，观点一只包含了冰山之下的内隐特征；观点二既包括潜在的能力特质，也包含冰山之上的知识与技能。这两种观点面临以下问题：因为优秀和不优秀是在既定工作岗位表现出来的，胜任力模型的构建是以既定的工作情形和过去发生的绩效为基础的，这样就不能反映组织的变化与未来的需求，很难反映战略对员工未来素质的要求，不具有动态性。后两个观点是从达成优秀绩效为出发点的，不仅能够反映过去的绩效，还能反映组织战略对未来的要求。不同之处在于，观点三只包含冰山之下的内隐性特征，观点四则包含全部特征。

特定组织对能力有着特定要求，胜任力模型的重点就不应仅仅要研究个体内在特征，还要更多的研究基于战略、文化和行业需要的全员通用素质或全员核心素质。

（2）层次上的误区。胜任力模型一旦应用到人力资源管理实践，实际上已经蕴含了人与组织之间各层次的协同关系，因此在企业实践中，胜任力模型就可以在四个层面上应用：

1）第一个层面是全员通用的胜任力模型，就是所谓的核心胜任力模型，这是基于一个公司的战略、文化以及产业特性对人的需求，是一个组织的员工所必须达到的最基本的素质。比如微软要求员工要有创新性，但中国西南航空公司则要求员工情绪要稳定，不需要有太多创新思维。

2）第二层面是从事某个专业领域工作所需的素质和能力，称为专业胜任力。这种胜任力模型是基于职业发展通道、职类职种构建的，它是从事某一类别的职位所应该具备的素质。专业胜任力模型是根据业务模式及流程的分析对人的素质要求演绎出来的。

3）第三个层面是从事特定岗位所需要具备的胜任力。这种胜任力既包括专业知识和技能，也包括人的品质、价值观、动机等内隐性特质。

4）第四个层面是团队结构素质，主要基于团队任务的分析，基于人与人的互补性组合，研究具备不同素质的人怎样搭配才能产生互补性聚合效应。

现在胜任力在层次上的应用非常混淆，有的公司做的是全员素质模型，有的公司做的是专业素质模型，还有的公司做的是岗位个体素质模型。实际上，企业必须在四个层次上同时应用，胜任力模型才能真正产生价值。

（3）方法上的误区。胜任力模型最早的研究方法主要是关键事件访谈法，即选择优秀员工和不优秀员工来做对比的研究分析，在既定的情景和环境中去研究优秀的员工和不优秀员工之间的行为特征。但是，这种方法不能反映出企业战略、文化和未来发展的需求，不具备未来性和动态性。同时，作为一种实验室所采用的经典方法，面对动态多变的组织与人的关系，关键事件访谈法的应用范围就受到了极大的局限。因此，在实际的运用中，需要使用多种方法对关键事件访谈法的结果进行修正和补充，比如核心素质主要是通过战略文化演绎法修正和补充，专业素质主要是通过业务模式与流程分析法、移植法等修正和补充，胜任力模型是多种方法的综合运用，因此在实践中要走出单一的关键事件访谈法的误区，使胜任力的研究和应用更贴近企业的现实需求，才能使胜任力模型的价值充分发挥出来。

（4）应用上的误区。现在的胜任力模型之所以在应用过程中受到很大的局限，是因为它跟人力资源管理体系的其他模块不配套，成为一项单一的人力资源专业职能活动。人力资源管理没有在机制、制度、流程、技术上系统配套，单靠胜任力模型在组织中是很难真正发挥作用的，基于能力的人力资源管理就是一句空话。胜任力模型的建立，有五个"要"。

1）第一要跟企业的人力资源规划对接；

2）第二要跟企业的选拔、任用、晋升制度对接；

3）第三要跟基于能力的任职资格体系与薪酬体系对接；

4）第四要跟企业的培训开发体系对接；

5）第五要跟绩效管理系统对接，员工不仅要"述职"，还要"述能"。

（四）学习理论模型

1. 人才培养721学习法则

（1）721学习法则简介。摩根、罗伯特和麦克在《构筑生涯发展规划》一书中，首次正式提出了人才培养721学习法则。简单来说，人才培养721学习法则是指在员工个体能力的发展过程中，70%的效果来自富有挑战的工作实践，20%的效果来自榜样共事以及上下级、同级之间的反馈和指导，10%的效果来自培训、讲授或自学等正规学习，如图2-7所示。对于成人学习而言，这个法则在诸多职业技能的提升方面具有较强的普适性。企业在人才培养实践中，以"721"为基本原则，根据员工自身特点、培养目标以及员工入职后不同的发展阶段、不同的工作岗位等，把育人方法进行精准匹配，全面覆盖和制度化规范，能够最大限度培养与发展企业所需的各类人才。

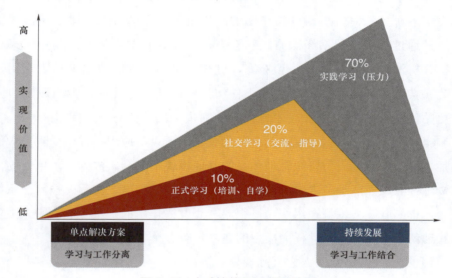

图 2-7　人才培养 721 学习法则

（2）721 学习法则应用。成人学习并不只是参与式的"听说读写"，不是单纯的知识获取。实际上，成人学习是把"知识"转化为"行动"，从"行动"中获取"新知识"，再把"新知识"转化为"新行动"，周而复始。因此，成人学习是"知行"合一的动态变化。运用"721"学习法则对员工进行培养，在实践的过程中，也不能忽略 20% 的交流指导与 10% 的正规培训，三者结合，相互呼应，才能促进员工深度学习，将学习成果最大化转化为工作绩效。

1）70% 的能力提升来自实践。在职业发展中，员工个人成长 70% 来源于工作实践，包括工作经验、工作任务与问题解决等。从培养方式的角度讲，在岗训练、职务调任、工作任务委派、参与短期工作项目、公司内部及社会活动等均是行之有效的方式，如表 2-6 所示。

表 2–6   以实践提升能力的培养方式

培养方式	做法简述
专项精进	在同一个岗位，激励员工向纵深专精努力，企业可以用专项任务、攻坚克难的科研活动等来实现培养
横向轮岗	使员工对整体业务有充分全面的了解，尤其是业务关联性、交叉性较大的岗位，相关岗位的工作经验可以使员工在做业务决策时从全流程的角度考虑问题
纵向轮岗	这种方法适用于组织层级比较多的企业，向下深入基层业务单元，了解一线工作特点和问题，向上把握战略和制度要求，保证方向正确不走偏
主持工作	这在培养后备领导干部时更有效。不一定非要提任才能主持工作，可以先从部分业务模块开始，通过授予决策权限，实现管理岗位的体验学习

2）20%来自导师的帮助。人们常说"领导的助理提拔快"，为什么呢？能够得到领导的指点是最关键的。作为领导的助理，会分担或辅助领导部分岗位工作，在这个过程中就可以享受额外的工作挑战"福利"。

a）来自领导的第一手的工作要求；

b）领导无意或有心的方法指导；

c）汇报工作会有即时反馈；

d）领导有时会亲自指导"复盘"。

除了以上较简单的工作，助理有更多机会观摩学习领导的为人处世方式，可以跟领导请教，甚至探讨方法论，自然成长更快。

当然，这里的领导也不是狭义的"上下级"关系，而是广义的"能力高于自己的人"；"助理"也不是狭义的从事"助理"岗位工作的人，而是"能力稍弱"的员工。因此，在一些重要岗位上，要为这些重要岗位、高能力的员工配备"助理"，让其成为他们的助手，在参与、执行过一些任务后，他们自然也会成长为不错的员工。

3）10%来自培训的学习。在"721"学习法则中，虽然培训学习仅占10%，但这却是员工获取理论知识的重要途径。"理论是行动的先导"，缺少理论基础，在实践行动中"学习"势必会层层受阻。因此，企业不仅要组织培训，还要花费大力气雕琢体系和培训形式。

在培训体系建设方面，首先要有清晰的定位，即培训是为什么服务：满足业务需求？促进企业创新？还是推动个人发展？明确了企业诉求，才能设计体系。简单来说，业务需求导向的培训体系需要基于当下岗位的工作任务进行设计；人才发展导向的培训体系需要基于企业未来发展需要的储备能力进行设计；创新导向的培训体系则以提供动力、激发活力、促进灵感为基础。

核心课程体系是培训体系的关键和表现形式。课程体系搭建的最高纲领为三维网状结构，最低纲领为点状结构。所谓点状结构，并非制作若干独立的课件，而是针对某类人群或某类普遍的管理问题，形成了一个课程包，通过这个课程包，可提升一类人群的意识能力或解决某类普遍问题。

2. 学习金字塔法则

（1）学习金字塔法则简介。学习金字塔是一种现代学习方式的理论，由美国著名学习专家爱德加·戴尔于 1946 年首先发现并提出，为美国缅因州的国家训练实验室研究成果。它用数字形式显示了采用不同的学习方式时，学习者在两周后还能记住学习内容（平均学习保持率）的多少。学习效果在 30%以下的，都是个人学习或被动学习；而学习效果在 50%以上的，都是团队学习、主动学习和参与式学习。与此同时，无论是建构主义教育理论，还是五星学习法、创新型培训技术、4C 法等，都是按照这样的学习方式组合进行设计的。学习金字塔如图 2-8 所示。

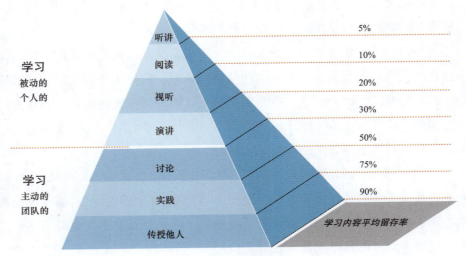

图 2-8 学习金字塔

（2）学习金字塔法则的应用。学习知识其核心在于应用，如果有更多的实操机会，那么记住及学会的比例会更高，这也是学习金字塔法则应用的核心。在学习金字塔法则中，金字塔顶尖的"听讲"只有5%；而底层的"传授他人"却有90%，显然并没有文字表面上那么简单。总的来说，在应用学习金字塔法则时，可以将其分为"输入""消化""输出"三个层级。

1）第一层——输入。

在学习金字塔的最顶端，是学习的第一阶段"听讲"。也就是讲师在授课，学习者在听，单纯这样的学习方式，两周以后学习的内容存留率只有5%。学习的第二阶段是"阅读"，也就是在听的基础上加上阅读的方式，通过这一阶段学到的内容，两周以后的内容存留率为10%。学习的第三阶段是"视听化"，也就是通过"声音＋图像"甚至是视频的方式进行学习，也就是网课，通过这一阶段学到的内容，两周以后的内容存留率为20%。

这三个阶段的学习，均属于第一层，也就是"吸收"部分。我们大脑主要的工作就是对各类知识信息的理解与记忆，有些知识与个人前经验有关联，个人就记得深，理解得透，不容易忘记；多数知识与个人前经验无关联，也就容易忘记。最终"吸收"的也不会超过20%。

2）第二层——消化。

学习的第四阶段是"演示"，也就是将学到的内容示范、演示。这属于实操阶段，通过这一阶段学到的内容，两周以后的内容存留率为30%。学习的第五阶段是"小组讨论"，这是很重要的思考过程，不仅包括独立思考，还包括与他人沟通交流。这意味着我们需要先输入知识，然后进行独立思考，接着再和他人沟通交流，最终消化所学内容。那通过这一阶段学到的内容，两周以后的内容存留率为50%。

这两个阶段的学习，都属于第二层，也就是"消化"部分。在这个部分里，大脑会对接收到的知识进行加工处理，然后转化为外在的演示或交流时表达的思考结果，从而能把外界接收到的知识，转换其中50%成为自己的知识储备。

3）第三层——输出。

学习的第六阶段是"实践"，也就是到实际应用场景中实战。通过这一阶

段学到的内容，两周以后的内容存留率为75%。学习的第七阶段是"教授给他人"，也就是系统性地传授所学知识给他人，能够把他人给教会了，说明自己学得很明白了，所以两周以后的内容存留率能达到90%以上。

最后这两个阶段的学习，都属于第三层，也就是"输出"部分。把所学知识进行处理，转化为自己的知识储备后，再运用到实战当中。特别是最后一个阶段，能够把所学的知识用自己的语言传授给别人，甚至加入了自己的其他心得，有了创新，这样的学习效果，就接近100%的消化吸收了。

综上所述，实践是第一步，也是实际工作中重要的一步，但也仅有75%的知识留存率，如果能够传授和帮助他人，会得到更好的升华，留存率可以达到惊人的90%。所以，必须要运用自己已有的知识体系，解释新知识，才能让新知识融入自己的知识体系中，生成新的知识体系，从而举一反三，融会贯通。

三、科技创新型人才发展研究

（一）国外科技创新型人才发展环境

1. 发达国家科技创新人才开发环境

教育是科技人才资源形成的主要途径。发达国家通过持续推进教育改革创新，适应科技创新发展需要提供源源不断的科技人才供给，始终保持科技领先地位。科技人才政策体现了各国对科技人才发展方向的引导，通常包括培养、发现、评价、使用、激励、引进等方面。在新形势下，培养和集聚科技人才、打造科技人才资源优势成为各国科技人才政策的主要内容。面向21世纪第三个十年，为全面应对新一轮科技革命和产业变革的急剧变化和深远影响，美国、英国、德国、日本、俄罗斯、新加坡、韩国以及欧盟等主要发达国家（地区）陆续制定并公布了各自最新的科技创新战略规划、产业技术发展规划等政策制度，其中科技人才发展政策都是重点关注的核心内容。

（1）科技创新人才培养和开发政策突出前瞻性和开放性。主要发达国家十分注重科技人才培养和开发的顶层设计、深谋远虑和综合施策，战略考量上做到中长期前瞻储备性培养和短近期前沿适用性开发紧密结合，政策设计上做到全周期、多层次科技人才队伍统筹培养与重点领域、关键行业科技人才团队优先开发紧密结合，实施途径上做到教育培养强基、研究训练赋能和国际合作励志紧密结合。

（2）科技人才使用和激励政策突出关联性和系统性。大力培养和引进优秀科技人才的根本目的是要充分发挥他们的创新创业才能，激发他们的创新创造活力，推动科技创新进步和经济社会发展。主要发达国家不仅在科技人才培养和引进方面下足功夫、各显神通，赢得主动、增强优势，而且在科技人才的使用和激励方面更是不遗余力，通过高薪厚酬、高额奖励、项目资助、福利延伸等政策，从经济优待和生活礼遇等基本需求关切方面让科技人员获得极大的满足感，通过优越的研究设施条件、共享的研究信息资源、融洽的研究网络社群、温馨的闲暇乐享服务等举措，从平台支持、资源牵引、空间拓展、身心修养等成就需求关切方面让科技人员获得崇高的尊重感，从而有效释放科技人员巨大的创新热情、持久的创新动力和卓越的创新绩效。

德意志研究联合会与洪堡基金会提供全面覆盖各个层次、各个阶段的科技人员竞争性研究资金支持，资助期限长短不一，资金使用相对灵活，"莱布尼茨奖"奖金最长可在 7 年时间里不经繁琐申报程序就能完全自主使用，还可有一定比例直接用于发放科技人员工资。俄罗斯加快构建国家数字化图书馆、国家知识数据库、国家科学装置中心、世界级科学中心等科技创新基础设施，牵头发起独一无二的国际大科学项目，实施双边和多边科技合作计划，构建与国际接轨的科研环境，全面融入全球科学体系，推动科学界与产业界合作，构建技术创新集群、研发—工程—生产联盟，建立数字化科研协作平台，为科技人才开展科学、技术和创新活动提供优质平台和资源条件支撑。新加坡注重对优秀科技人才的工作链进行多要素、全方位的配套布局，通过整体开发"纬壹科技园"，建设 6 个公共平台，设立"联系新加坡"门户网站，并在海外设立办事机构，为在新加坡生活、工作的全球科技人才提供丰富的有效资讯和文化娱乐。欧盟将投资总额高达 24 亿欧元建设综合互联的世界级科研基础设施，注重受资助者的后期关系维护与合作网络建设。美国 NSB（国家科学委员会）积极倡导开放性优势和 S&E（科学与工程）最高道德标准，并通过与拥有共同核心价值观的全球伙伴的协同合作来促进其发展，培育全球 S&E 共同体，同时建立牢固持久的政府、公私机构、学术界和产业界合作伙伴关系，战略性地建设 S&E 基础设施，促进区域科学和创新网络发展，制定议程并公平、透明地分享研究成果，确保共同体科技人员可以充分地参与，形成自下而上、由共同体驱动创新活力的 S&E 生态系统，增强对全球科技人才的内在吸引力。

（3）科技人才考核和评价政策突出成长性和全面性。科技人才考核和评价是科技人才政策的关键和灵魂，贯穿科技人才发现、选拔、培养、引进、开发、激励、使用等各个环节，直接影响到科技人才政策的执行落实成效。主要发达国家对科技人才素质、科技人才项目、科技人才奖励、科技人才业绩等方面的考核和评价都建立了比较先进科学、标准严格、健全完善的制度体系和运行机制，委托专门的学术评审团队公开公平公正开展考核评价工作。对于科技人员的选拔评价，除了设定明确的评审程序和较高的选拔标准外，评审要点既包括对科技人员的创新兴趣爱好、创造性思维能力、专业领域创新素质、学术成长性、学界认可度和影响力等多元因素进行全面评估，也包括对研究项目计划的新颖性、价值性、突破性等方面做专业客观的科学评判，最后综合给出考核和评价意见。

2. 国外科技人才政策新趋势

2019 年以来，许多国家发布了中长期科技创新战略规划，对科技人才进行重点部署。

（1）设立各种高层次人才培养工程或计划。美国政府各部门非常注重有针对性地设立人才培养项目和计划。如美国国家科学基金会设立了"总统青年研究奖"，每年颁发 200 个名额，目的是将最优秀的人才吸引到国家急需的科学和工程领域中。美国还十分重视科技与教育的进一步耦合。通过实施国家重大高新技术研发计划、项目资助计划以及政府资助创办的各类高新技术研究中心，通过研发活动带动相关领域的人才培养。美国实施的一系列重大高新技术研发计划，如 21 世纪信息技术计划、国家纳米行动计划等重大的跨部门研究计划，都把高层次人才培养作为主要目标之一。

（2）强化对博士生的支持。博士是高等教育人才培养的最高层次，是确保长期科技创新能力的生力军。各国推出的政策包括：

1）明确博士毕业后发展成为独立研究人员或大学教员的职业道路，推动就业渠道多样化。法国提出建立最长可达 6 年的博士后合同制度，为博士后提供更好待遇与更稳定保障，提高他们未来成为正式科研人员的机会。日本大力畅通博士毕业生向产业界流动的路径，主要举措包括：实现博士生带薪实习常态化；支持大学和企业创设优秀青年研究人员发掘机制，特别是鼓励企业录用博士生人才；修订中小企业技术创新制度，重点支持致力于创新发展的风险投资项目。

2）提高博士生待遇。法国提出，对初入科研界的博士生，将提高待遇并扩招，以确保所有博士生都能获得国家资助，扭转博士生数量不断下降的趋势。到 2027 年，博士生招生名额将增加 20%；博士生薪金将提高约 30%，达到 2300 欧元。日本充分利用多元化资金来源，向所有在读博士生提供与生活费相当的补助。主要举措包括：利用外部资金等为优秀博士生提供奖学金，并提供担任研究助理、特别研究员及赴海外研修的机会；确保研究助理工资保持在合理水平；加大国立研究机构对博士生研究助理的录用；创设新的奖励制度，支持博士生开展挑战性研究。

（3）强化国际人才的交流与合作。通过承办国际学术会议，推进国际合作研究，吸引国际科技人才。在美国、德国、韩国，每年召开许多国际学术会议。通过承办国际学术会议，推进国际合作研究，这些国家在众多领域与其他国家形成了伙伴关系，为科技创新人才的合理流动提供了机遇和平台。通过吸引海外研发中心，留住留学人才，如韩国。韩国努力创造条件，吸引外国企业和公司在韩国设立研发机构，为韩国带来科技人才、高新技术和最新信息。为了更有效地吸引外国研发机构到韩投资，韩国还专门成立了相关的咨询与服务机构，并提供"一站式"服务。

（4）覆盖不同周期支持青年研究人员。各国根据本国需求，在不同层面上设立青年人才计划，在研究生涯的不同阶段对青年科研人才给予培养，如基础教育阶段、博士生阶段、科研启动阶段、科研发展阶段、科研中坚阶段等。各国政府在研发体系中对青年科研人才提供大力支持，实现其研究能力的提升和职业获得感的提升，同时也关注他们的生活，提高其薪酬福利待遇，尽可能使其无后顾之忧地投身于研究工作。

3. 世界名企如何培养创新型人才

21世纪是知识经济大放异彩的时代，高新技术产业在世界范围内的迅猛发展，一方面造成传统产业的劳动力过剩，另一方面又使创新型人才严重短缺。无论是发达国家还是发展中国家，创新型人才短缺都已成为制约其高新技术产业发展的瓶颈。近年来，围绕创新型人才的争夺战正在全球范围内展开，而且愈演愈烈。未来国与国之间竞争，归根到底是知识和人才的竞争，特别是创新型人才的竞争。

★3M：三大"秘方"激发创意

3M公司的历史就是一部彻头彻尾的创新史。100多年来，3M公司开发了42项核心技术和6万多种创新产品，涉及领域包括薄膜、光电子、精密涂布、微线路软性基板等，平均每年推出500多个新产品，每2天推出3个新产品。支撑这些数字的是3M公司沿用已久的三个激发员工创新的秘方。

一是"发明记录系统"：3M的员工一旦有了新的发明、新的创意便可以随时登录"发明记录系统"，并将自己的发明内容、实验数据输入后发送给相关评审部门，评审部门组织相关专家组评估该项发明。如果该项发明符合申请专利的条件，就建议并支持发明者向国家相关主管部门进行专利申请。如果该项发明创新性不够，评审部门会建议把该项发明作为文档保存在系统中。但成功申请到的专利不一定投入生产，而未获得支持申请专利的发明也不一定就此打入冷宫。对于已经申请到的专利，要同时在市场及客户需求、技术平台支持的可能性以及市场潜力和定位这三大方面都有较好的评价才能成为重点项目，得以进一步研发、生产和市场推广。而对于未获得支持去申请专利的发明也可以供员工继续思考、讨论和改进，或许在这些不成熟的思想之上又会迸发出更多其他创意火花。

二是跨部门自由合作：灵感在交流中闪现。3M公司有一项制度，公司任何一个技术部门或者业务部门同任何其他的技术或业务部门进行合作交流都是自由的，无需经过批准。3M公司鼓励不同部门之间通过交流产生更多灵感和创意。

三是独特的15%理念：3M公司秉承一种独特的"15%理念"，即研发人员被允许在完成公司项目派给任务的同时，保留 15% 的时间和精力来对自己感兴趣的项目进行思考和研究。这个"15% 理念"保证了研发人员有独立创造的自由和时间。

★Google：20% 理论

创新需要一种宽松的环境，当人处于非常轻松的状态，他的思维才可能是活跃的，创意才有可能随时冒出来。Google 就是因为立志为消除数字鸿沟而努力，使企业充满创新活力和工作乐趣而获得了成功。Google 践行 20% 理论，即员工有权利用 20% 的时间从事他自己感兴趣的事情，而非上级交给的任务。其实无论公司是否允许这样的"偷懒时间"，大部分员工都会用类似的时间去偷懒，没有人可以集中 100% 的时间和精力去工作。如果这种偷懒是制度所不允许的，他会觉得比较内疚，但是 Google 把这种需要变得制度化，变得光明正大，有 20% 的时间可以由员工自己支配。事实上，很多工程师利用这 20% 的时间做出了有意思的东西，Google 总部大厅那个用来形象直观地显示全球搜索状况的不断滚动的地球仪，就是一位印度裔工程师利用 20% 的自由时间设计出来的。

★IBM：全民创新

IBM 能长期保持 IT 界的"龙头"地位，一是因为尽可能地接近客户，了解他们的要求，满足他们的需要；二是因为不断创新，提供给客户更满意的产品和服务。从 20 世纪 80 年代至今，IBM 几乎每年都是全球获得最多专利的公司，这充分表明 IBM 对创新的重视以及企业内部浓厚的创新氛围。

IBM 认为，创新不仅仅是专职技术人员的事，公司每一个员工都应该参与创新。IBM 每年都要在风景秀丽的佛罗里达州举行一次"公司技术认证大会"，公司总裁会亲自到会向获奖者祝贺。部分获奖者可以荣升为研究员，这些研究员可不是"空有其名"，他们不仅地位提升了，更为重要的是有权自由选择技术研究领域，集中精力搞攻关，对其他工作可以一概不管。IBM 还奖励新的创意以及其他非技术方面的创新。公司内部的各个部门都有一笔资金，用于奖励本部门中非技术领域的发明者。IBM 在全球员工中开展"即兴创新大讨论"，最终筛选出的几个点子将由总额 1 亿美元的 IBM 开发基金付诸实施。在 IBM 的研究部门，所有的信息、资料、研究报告都对员工开放。只要愿意努力，谁都有可能成为某一领域的专家。IBM 鼓励每个人选择自己感兴趣的行业进行深入研究，成为该行业的专家。IBM 还鼓励研究人员进行跨部门团队合作，很多领域的研究人员通过和其他业务团队一起工作，一方面积累了相关行业的知识，另一方面也从 IBM 的业务和项目中获得实际经验，提升了自己的研究能力和合作精神。

（二）电力科技创新型人才培养实践研究

科技创新人才队伍建设是推动企业发展的关键，突出培养造就科技创新型人才，围绕提高自主创新能力、建设创新型企业，以高层次创新型科技人才为重点，造就行业领先的科技领军人才、工程师和高水平创新团队，培养一线创新人才和青年科技人才，建设宏大的科技创新型人才队伍，是企业持续科学发展的坚强人才保障和智力支持。某电力科技型企业根据科技创新型人才特点，结合现有制度机制与政策资源，探索多维度的科技创新型人才培养模式，即"导师制""项目制""创意制"和"实践制"等，实现对科技创新型人才的四维培养赋能。

1. 导师培养制

"导师培养制"源于传统的"师徒制"，是培养技术人才的方式之一，可较多地用于新员工、创新型人才的带练培养。在新时代下衍生出多种形式：一是创新工作室；二是专家工作室；三是博士后工作站；四是研究生培养基地。

（1）创新工作室。创新工作室体现了个性化与实用性的特性，体现了辅助教学、项目实战、促进科研三大功能。创新工作室采用公司运营方式，以项目为载体，通过整合内部优秀资源，克服传统"师带徒"的诸多局限，以团队优势使企业创新获得惊人的突破和成果，从而成为企业的"智囊团"、岗位的"创新源"、项目的"攻关队"、人才的"孵化器"和团队的"方向标"。在创新工作室，工作室成员输出了技能，实现了自我价值，提高了自身的技能水平和传授能力。

（2）专家工作室。专家工作室将"1 对 1 师带徒"员工培训，转变成为

"1对N"全员职工人才培养体系，有效发挥了专家示范、指导和辐射作用，促进了企业创新人才队伍建设。专家工作室定期组织生产实践调研与科研创新研讨，坚持实践与人才培养相结合，组织优秀青年科技人才参加系统内的科研成果创新竞赛，达到"以赛促学练精兵，以学促用强能力"的目的，不断创新创新型人才培养模式，激发青年人才成长、成才活力。

（3）博士后工作站。博士后工作站是指具有创新能力和发展潜力的优秀博士后研究人员，让其迅速成长为适应现代化建设需要的各类复合型、战略性和创新型人才所提供的科学研究平台。博士后进站后将受到相关大学导师和所在单位导师等多人的指导，形成"N对1"创新人才培养模式。

（4）研究生培养基地。研究生培养基地是指为充分发挥与高校资源的互补合作，顺应企业发展的新形势，实现互利共赢，而建立的校企共同培养高层次人才的又一新型平台。

2. 项目历练制

"实践项目制"通常是在有组织有计划的领导下，把具有培养潜力的科技创新人才，安排到一个项目、一项任务，甚至一个重大工程里学习、磨炼、提高，依托重大工程培养青年人的一种培养手段。

（1）参与科技攻关团队。科技攻关团队是通过整合优化公司内外部科技资源和人才资源，组建的一批具有扎实的专业理论、技术技能、生产经验和科研能力，能积极应对和解决电网运行出现的新课题的科技攻关团队。

（2）参与科研开发项目。把具有一定培养潜力的员工，安排到一个项目、一项工程里学习、实践、提升，有利于其将实际工作与理论进行充分的结合，缩短其成长周期。

3. 创意探索制

创意探索制并不是围绕某个项目，而是指围绕人才本身的有价值的创意，逐步深入，终有突破，所以也有学者称之为"人才导向"模式。这种研究是以人才的创意为导向，不以任何人的指令为遵循，凭借的是有洞察力的学者对有价值的创意的选择与支持，然后给以资金保障。

4. 实践训练制

实践训练制是指利用各种社会、企业资源，通过拓宽员工成长渠道，提高员工实践创新能力所建立的一种培养手段。在培养过程中具有良好的互动环境、实践环境和创新环境，是提高综合创新能力的一种开放式手段。从"知识精加工"到"知识贯通"需要一个过程，而"实践训练制"培养方式正是经历这一过程的必经之路，同时也是提升员工科技创新能力的关键。

（1）专项提升培训。专项提升培训是结合本单位实际，制定的立足本职岗位、以实际工作需求为导向的专项培训方案，为强化员工创新意识、全面培育科技创新人才发挥了积极的作用。

（2）竞赛比武。竞赛比武是指组织职工参加的各级各类专业竞赛，具有浓厚的竞技创新氛围，为职工创新培养和成长成才提供良好平台，从而有利于推动企业整体创新水平的不断提高。

（3）轮岗历练。通过有条件、有计划地轮换岗位，能够使创新型人才获得不同的学习机会从而掌握多种技能，进一步拓宽员工的工作视野，提高员工横向沟通水平，创造和谐氛围，是企业培养创新型人才的有效手段。

（4）交流学习。通过定期邀请专家、学者、学术带头人等作专题讲座，与其他兄弟单位及系统外优秀单位共同探讨学术前沿科技，定期选派员工去国内外行业标杆单位、知名企业开展学术交流工作，为缩短人才培养周期，帮助有潜力的创新人才快速成长为某一专业领域学科带头人提供了有效途径。

（三）科技创新型人才激励机制研究

对科技创新人才来说，金钱财富远没有他们的个体成长重要，由于工作性质原因，往往要求员工具有丰富的知识储备，甚至是从事某一领域的专家，而管理人员却是外行人。在这种情况下，赋予知识员工一定的工作自主权是非常关键的激励条件。这也体现了完善多元化激励机制的必要性。

激励机制主要有以下六个方面：其一，增加物质方面的激励力度，如增长职级工资或加大岗位福利，创建完善的报酬系统，使科技创新人才在物质财富上获得与自己科研成果成正比的回报；其二，认可科技创新人才的资本价值，尤其是承认他们具有奇异性，使科技创新人才与人力资本相辅相成，让科技创新人才更乐于共享其科研成果并分担其风险，适当授予股权或期权，使科技创新人才的个人利益与企业发展相捆绑；其三，在相应的发展战略支撑下，结合人力资源部门，根据科技创新人才的职业潜力、兴趣方向、价值倾向等，为其量身定做职业生涯规划，给他们创造更广阔的发展空间，制定个性化的培养计划；其四，对科技创新人才的监管要区别于一般人才的管理，在工作中应给予科技创新人才更多的自主权，在工作方法、工作环境、工作时间等方面赋予他们足够的话语权；其五，创造学习型环境，激励科技创新人才产生精益求精、勇于追求科研成绩的精神，采用适配的绩效考核体系，使其科研成果能充分体现科学价值；其六，培育和创造优良的企业文化，建立和谐的人际交往关系，使科技创新人才能身心愉悦地投入工作，展现充满自主性、创造性和使命感等特质，鼓励员工勇于创新、不惧失败、时刻肩负使命。

本书结合以上的激励机制研究，对标分析国内科研机构关于创新型人才激励的研究实践，梳理科研机构科技创新型人才的激励设计实践。

1. 激励设计遵循基本原则

（1）适配公司发展。合理的激励机制不仅要激励对企业长远发展有益的员工，还要及时发现阻碍企业发展的不合理的岗位设计。合理的激励机制要同企业的文化和核心价值观相匹配，做到以激励强化公司文化和核心价值观。激励方案要与企业发展状况紧密结合，在发展状况良好时，员工也应该分享企业成果，有利于员工为公司创造更大的价值。

（2）适需人才期望。结合激励理论分析，满足人的需求可以激励其行为，并能够起到强化作用。不同年龄、学历、职级、工作年限的知识型员工对于激励因素的重要性排序不同，对于现有的激励满意度也不同，因此在优化激励设计时，要系统考虑科技创新型人才的需求特点和期望值，规划有针对性的激励方案来满足其需求，最大程度调动其积极性，挖掘其潜力。

（3）体现公平合理。心理契约是以组织与员工间的关系为背景、以个人所感知的彼此关系为基础建立的双方责任与义务的相关信念。要搭建心理契约必须有肯定的主观意识为前提，同时该主观意识也是维持心理契约的关键。不患寡而患不均，所以激励设计必须坚持公平公正原则，一是评价标准要统一且客观。职位升迁、岗位变动、奖惩机制必须具有是合理、可行、严谨的评价体系，而且该评价体系需要公开透明。二是保证机会平等。员工可以平等参与，通过对工作行为结果进行客观的评价分析实现自我需求，决策过程与结果也要受到监督。

（4）复合激励设计。物质激励是企业激励人才的常见方式，且这种方式的效果反馈也很好，但是在不同的行业，物质激励的效用并不是一定都有效或者不会一直有效。按照双因素理论的内容，精神激励、工作激励能起到复合激励的作用。企业可将物质激励和精神激励、工作激励等多元化激励方式相结合，最大限度发挥激励效果。

2. 重视绩效导向的薪酬激励

薪酬激励是激励因素中最直接的方式，通过设计完善的薪酬激励制度给予创新型人才心理上多劳多得的公平感，以公开、透明的方式奖励贡献者，提升人才的积极性。

（1）完善职能工资制。职能工资制主要是指在个人能力基础上设置的一种薪酬体系，是依据员工岗位执行的能力和员工的职业资格等级确定员工薪酬的制度。能力越强、职级越高，员工的待遇应当越好。因此工资制能够提高员工积极性，进为企业创造更大的效益。在具体运用时，结合绩效考核结果及任职资格考察评价决定岗位的晋升或者降低，员工进入更高的职级，薪点值也应该相应调高，而降入更低的岗位，薪点值应同时进行调整，以保障以岗定级，以级定薪的有效性。

（2）强化绩效薪酬应用。绩效考核的结果应同薪酬体系挂钩，根据绩效考核的结果，对薪酬福利及奖金进行动态调整，以保障绩效考核导向下薪酬激励的有效性，提升物质激励的作用，在物质激励的保健作用基础上，与工作激励等激励方式融合延伸其激励作用。

（3）拓展多维激励设计。

1）超额奖励，同年度奖金挂钩。为激励员工积极性，将每年公司收益的超额完成部分的10%设置为超额奖励，在分配方式上，按照部门绩效以及个人绩效进行分配，采取贡献超额绩效多的部门多分、贡献超额绩效的个人多分的原则进行分配。

2）特殊奖励，同企业核心价值观相挂钩。对于为公司核心价值的树立具有突出贡献的人员给予特殊奖励，奖励采取绝对额、单次发放的形式。比如，给予对于彰显"奋斗者"文化典型员工给予单次奖励，给予获取"金牌个人"荣誉的员工单次奖励等。

3）岗位津贴，针对岗位给予津补贴。包括交通补贴、节日补贴、女职工卫生费、加班工资、高温补贴。

4）设置战略岗位津贴。针对特定战略岗位并承担相应职责安排的员工，提供的特殊津贴。如与"特殊人才通道"相结合，给予对于公司长期战略发展具有重大影响的特殊人才一定的津贴待遇，以彰显公司对于人才的重视程度，如在薪酬体系上，给予战略岗位人才上浮 10%～20%的战略岗位津贴。

5）长期激励设计。面向核心高管和骨干人员，建立虚拟股份分红或项目奖金制度，将企业长期发展同员工进行绑定，共享收益。

3. 优化成长导向的工作激励

（1）建立系统的培训体系。在国有企业改革的大背景下，国家电网有限公司整体的生产、管理模式也发生了巨大变化。人才资本成为企业关注的焦点，人才的管理也成为企业核心竞争力。企业不仅仅要善于使用人才资本、人才资源，还应该对人才资本进行培养和选拔，而其基础则是建立全面、完善的人才培训体系，一方面提升人才的综合实力，另一方面是在培训中不断选拔优秀的干部，为企业建立后备干部资源池。建立完备的培训体系提高科技人才的专业素质，提升他们的忠诚度和工作满意度。

一是突出以实践为重点的训练体系。最好的培训方式是实践，最好的人才是从实践中培养和磨砺出来的，参照华为员工培训体系，按照"721"法则建立新型培训体系，即实践学习、导师帮助、课堂学习的占比分别占比70%、20%、10%，将重点放到实践。二是改进优化师徒体系。针对创新型人才，可配置一名导师，对导师的指导内容、指导方案进行严格要求，并定期考察，建立导师带练的创新课题研究机制。三是应用问题研讨导向的团队学习。以科技创新人才课题组或业务部门为单位，组成业务相关度高学习团队，每周对日常工作、创新课题等进行复盘学习，共同讨论问题，及时修正补足，并制定下周目标，培养积极高效的团队合作精神，激发创新型人才的工作积极性与岗位认同感。

（2）搭建通畅的职业发展通道。在"管理"和"技术"发展通道的上新增"特殊人才通道"，各个通道按照专业能力匹配到具体的岗位，如专业技术通道可以进一步纵向划分为基层研发人员、高级研究员、首席师、副总工程师、总工程师五级；而管理岗位也可纵向划分为基层管理人员、副科级、正科级、副处级、正处级五级。"技术"和"管理"这两条通道的岗位任职资格和发展路径不同，在技术上有过硬的本领，但是在领导能力或者管理能力相比较不太突出的员工，可以在"技术"通道发挥潜能来获得发展，成为高级研究员后，即使不担任管理岗位，也可以享受高级管理人员的待遇，而在技术通道上兼具管理的才能的，则为其提供横向网格化发展路径，可以在高级研究员后转至管理通道。特殊人才通道以岗位价值为依据，以业绩为导向，吸收各类高层次专业人才，在待遇和级别上给予一定的倾斜，打通技术－管理的双通道发展路径。

（3）提供有效的职业规划辅导。设立长期的职业规划指导机制，以明晰科技创新型人才的长期发展路径，解决其职业成长困惑，提升其科研动力。将职业规划指导纳入部门领导的管理绩效考核体系内，由部门领导每半年进行一次一对一的谈话，了解部门员工的职业规划变化及困惑，并进行反馈解决。相关的谈话及解决方案要纸面化，形成长期的记录，一方面用于对部门领导的管理考核，一方面用于长期指导员工职业规划。

4. 创新荣誉导向的精神激励

（1）设立年度金牌团体和金牌个人。激励为公司做出重大或者突出贡献的团队或者个人，每年授予最佳团队、个人金牌团队奖和金牌个人奖。结合绩效考评结果，及对公司的贡献，由公司人力资源部门以及高层领导共同确定团队奖和个人奖的评选结果，并进行公示，以示公平、透明。对于获得金牌团队荣誉的团队，给予一定的奖金奖励，并在选拔晋升干部时，优先从金牌团队挑选人才。对于获得金牌个人荣誉的员工，给予一定的奖金，并优先考虑培养、晋升机会。

（2）设立"杰出贡献"奖。主要从长期的维度进行观察、评选，作出过历史性贡献的个人，从长期角度让企业和员工铭记默默贡献的"奋斗者"。"杰出贡献"奖是追认机制，是对"奋斗者"历史性贡献的肯定。针对获得"杰出贡献"奖的个人，给予其全公司表彰，并给予一定的奖金激励。

（3）设立"明日之星"奖。主要目的是营造奋斗氛围，主要针对刚刚入职的青年人才，针对其闪光点、贡献点进行激励，表彰一切符合公司核心价值观的行为，覆盖全系统员工，需要中层管理人员推荐并通过网络无记名投票选举产生，占比新员工比例为 20%，以最大限度激励信任，提高青年人才的积极性。

四、科技创新型人才培养挑战与问题

培养造就大批德才兼备的高素质创新人才，是国家和民族长远发展大计。党的二十大开创性地将"教育、科技、人才"三者有机结合成一个整体，着重强调其在全面建设社会主义现代化国家中的基础性、战略性支撑地位，明确提出要"全面提高人才自主培养质量，着力造就拔尖创新人才"，面对紧迫的战略需求，科研院所不得不向内审视自身面临的挑战与存在的问题。

（一）科技创新型人才培养面临挑战

1. 观念上的挑战

（1）平均主义思想根深蒂固。孔子在《论语·季氏》第十六篇中指出："闻有国有家者，不患寡而患不均"，这种"不患寡而患不均"的平均主义思想在中国可谓根深蒂固。要求平均分享一切社会财富、资源的思想就是平均思想。在生产力水平极低的情况下，或社会发展初期，平均主义思想能够维系各方面劳动关系，对社会的稳定发展有着积极意义。平均主义思想在企业人力资源方面的表现就是两种惰性行为的叠加。一种是管理层面的，管理者不作为，片面追求稳定的局面，不敢拉开人才之间的差距，小心谨慎，不求有功，但求无过。努力营造理想化的公平与和谐，实则对于任何人来说都是最大的不公，对于团队而言更会造成人心惶惶，军心涣散。另一种是人才队伍层面，落后者会扯先进者的"后腿"，在平均主义思想下，多干少干一个样、干与不干一个样、干好干差一个样，人的惰性是不可否认的，在如此体制与环境之下，优秀员工没了干事热情，差的员工更会得过且过，如此恶性循环，人将无才也无德，着眼于眼前小事，蝇营狗苟，无论是人还是企业，都将会停滞不前，甚至倒退。

（2）论资排辈思想影响甚深。年龄成为人们论资排辈的重要标准，虽然在科学性、合理性上会稍差一些，但非常客观，符合大众思想，且简单易操作，避免了企业在这方面投入过度的人力、物力、财力、时间等或者因操作不当而形成的内耗，反而对企业创新、发展等形成了阻碍影响。但是，论资排辈在一定程度上阻碍了大量有突出能力的青年人的成长，这与现代科学文化的发展相违背的，不利于社会进步；还阻碍了人才的竞争，挫伤人们的积极性和创造力，使那些有真才实学的人被压抑和埋没，让一个人有能力却不能被破格提拔、做到脱颖而出，有才华难发展，壮志难酬；论资排辈的规则容易让一些老资格的人滋长居功自傲心态，中青年干部由于资历低，只能苦熬年头。

论资排辈现象会扼杀人才的创新意识、创新能力等。企业岗位中，特别是中上层岗位，几乎是"一个萝卜一个坑"，坑里的"萝卜"不走，坑外的"萝卜"就永远不会进来，而坑外的"萝卜"在等待晋升的过程中，不能有任何的错误与污点，否则就会被其他"萝卜"比下去，这也让很多"萝卜"在等"坑"时，持着"不求有功，但求无过"的心理得过且过。

2. 机制上的挑战

创新型人才的培养与队伍的建设，首先要解决的问题是用人机制的创新。然而，我国多数国企、央企、事业机关、科研院所等，在用人机制上具有严重的滞后性。

（1）人才评价方面。

1）对创新型人才的分类评价严重不足。无论是"某某培养工程"，还是"某某培养模式"，或者"某某培养机制"，都是创新型人才培养计划的一部分，有些是同级别的不同部门制定的，有些是同部门不同级别制定的。这些计划固然能够对人才起到一定的激励作用，但也会加剧内培外引的人才对这些"帽子"的过多追逐，使他们无法静下心来搞研究，"帽子"的数量增加了，其"质量"却令人担忧。

2）对创新型人才评价的标准过于单一。现阶段，企业对科技创新型人才的评价标准缺乏科学分类，对不同类型的人才"一把尺子量到底"，都存在不同程度"重学历、轻能力""重资历、轻业绩""重论文、轻贡献""重数量、轻质量"等问题，如此"标准"的评价方式与维度，对创新创业人才的正向激励显然不足。

（2）人才激励方面。

1）激励机制不完善，或没有完全形成。在创新型人才激励机制的开发中存在认识片面的问题，主要因素有三。第一，企业认为激励创新型人才的开发机制无法为企业带来发展的效益，因此，创新型人才的激励机制只是单方面提高创新型人才的积极性，未能从企业发展的角度考虑；第二，企业认为以现有的人力资源管理水平，或科研方式能够适应企业当前的发展需求，创新型人才激励方面的机制属于额外的投入，其作用与意义并不显著；第三，激励所产生的效果难以界定和衡量，因此，很多企业认为开发创新型人才激励机制是无形的投入，不仅见效慢，效果显性化不足，还会增加企业的运行成本，不利于企业长期发展。

2）创新型人才激励中的"创新"标准并不够明确。产生的原因主要有两个方面：一方面，企业对于创新型人才的培养标准并没有明确的规定，因此在具体的培养过程中培养方向也不明确，导致所培养的创新型人才难以满足企业创新发展的需求；另一方面，企业对于创新型人才的培养，更多以企业实际发展需求为主要标准与参照，忽略了创新型人才的主动性、自主性、多样性与个性化的培养需求，使得企业对于创新型人才培养实质上是普通员工的培养路径与方式，导致企业的创新主体并不突出。

3）现激励制度中职称制度福利存在"逆激励"现象。职称作为评价科研人员最重要的标准之一，备受关注，现阶段的职称制度有明显的"双向"激励作用。一方面，职称晋升与薪酬待遇、荣誉评奖、项目申请等多种福利待遇挂钩，因此，企业员工也会为之努力奋斗，这是"正"激励；另一方面，职称"一考永逸"的终身化，使得一些已经评上职称的人坐享职称所带来的福利待遇，缺乏持续奋进创新的动力。同时，一些符合晋升条件，具备创新能力的青年人才却因职称的"卡脖子"，没有得到相应的晋升或开展创新项目，积极性严重受挫，使得企业中存在"非升即走"的情况，以及"不考证、不晋升、不科研"等"躺平"青年员工，这种"逆激励"对于企业创新发展是严重的阻碍。

（3）人才保障方面。

1）不能给予人才潜心研究的环境保障。华裔科学家、美国贝尔实验室院士毕奇，将科研机构分为 3 个层次：末流的科研机构是"求经济效益、急功近利"；中流的科研机构是"不考虑短期的经济效率，注重长期利益"；顶流的科研机构是"不以时间和效率为目标，培养的是'高精尖'人才"。很多企业都停留在"末流"，追求效益，急功近利。如，科研经费申报，本没有那么复杂和繁琐，但为了规避风险或转嫁责任，无形之中会生成很多繁琐的程序与要求，使得科研人员把时间浪费在了"跑经费"上。又如，某一科研项目开启后，科研人员首先想到的是项目结果与自身荣誉的利害关系，项目能带来什么、自己能得到什么等，一旦结果与预期相差甚远，就会放弃，甚至还会怂恿其他人员放弃。

2）人才晋升渠道不通畅，优秀人才上不来，无心科研人员下不去，使得企业人才缺乏创新的动力与激情，主要存在两方面的问题。一方面，企业内部晋升竞争较为激烈。于其他企业而言，创新型人才或许是稀缺人才，但在科研机构中，创新型人才较为普遍，即使具备出色的工作能力和经验，有着多项科研成就与个人荣誉，仍有极大的可能在职位竞争中败下阵来，在关键的竞争中，一旦失去晋升机会，就极有可能心灰意冷，失去创新与奋斗的激情，甚至跳槽。因此，创新型人才较多时，一些职位的需求与选拔标准自然会提高，通常情况下，学历、证书、论文、资历、工龄等便捷、快速、简单的人才筛选方式就会成为晋升的硬性条件，部分人会本末倒置，不在项目创新上下功夫，只钻研"硬性条件"，造成了企业内部的不正之风，也阻碍了真正有才华、有能力、有雄心的年轻人。

（二）科技创新型人才培养面临问题

1. 高端人才队伍力量薄弱

高端人才是一个国家的重要战略资源，未来，战略需求会愈发迫切，争夺强度会持续升级，高端人才的稀缺性、专精性、差异性、长期性、高层次性等特点，会让这一群体的作用不可替代。国网河北电科院落实"三全一创"及"大人才"体系建设要求，在创新型人才培养方面取得了一定成效，专家人才数量稳步提高，但在高端人才方面，仍存在"数量少""质量弱"的情况。

2. 高端人才整体储备不足

我国创新型科技人才结构性不足矛盾突出，"世界级科技大师缺乏，领军人才、尖子人才不足"事实上，这一问题的困扰由来已久，集中表现为"两个之问"。一个是"为什么科学和工业革命没有在近代的中国发生"的李约瑟之问；另一个是"为什么我们的学校总是培养不出杰出人才"的钱学森之问。

改革开放以来，这两个问题有所缓解，但始终没有得到彻底解决，杨振宁在一次会议上再次指出我国"培养一流的科学家不太成功"这一事实。可见，培养方式不成熟、高端人才整体储备不够一直是我国面临的现实问题。根据科睿唯安的统计，中国大陆高被引科学家为 636 人次，占比 10.2%，相比于美国 2727 人次，占比 44%有较大差距。清华大学中国科技政策研究中心发布的《中国人工智能发展报告》数据显示，中国人工智能人才虽以 18232 人的总量位居世界第二，但杰出人才却以 977 人的数量位列世界第六，杰出人才占人才总数的 5.4%，而美国这一数值为 18.1%；同样，清华大学虽以 822 名的国际人工智能人才占有量名列全球高校第一名，但其杰出人才却排名十五，相比于美国斯坦福大学，虽然清华大学人才总数达到其两倍以上，但杰出人才数量却刚超过其一半。《中国人工智能发展报告》中的人才以学术界相对公认的指标"H 因子"作为衡量标准，取前 10%为杰出人才。尽管近年来我国在人才培养上取得了明显进步，但对高端人才的培养还有很大提升空间，迫切需要对高端人才成长规律进行更加全面深入的探索。

3. 高端人才释能仍不充分

制约高端人才释能的因素主要有三个方面。一是选才机制不健全。对高端人才缺乏准确定位，对其创新创造能力的甄别比较笼统，高端人才与普通人才混淆一起，潜在高端人才容易被埋没，个别高端人才上不到高位。二是评价标准不完善。未能树立以实际价值为中心的科学评价体系，对高端科研人才的评价还存在唯论文、唯职称、唯学历、唯奖项的现象。三是激励措施不到位。高端人才主体地位不够突出，行政干预过大，导致人才内生动力开发不足，自主创新创造效能不高；同时，激励工作还不能精准对接高端人才的需要，其中既有物质激励度把握不好的问题，又有精神激励不够有力的问题。

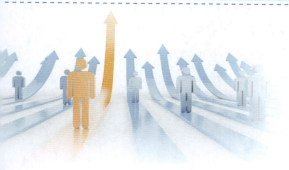

《 第三章
标杆企业实践分析

一、中国航天科技集团有限公司

（一）企业介绍

中国航天科技集团有限公司源于 1956 年 10 月 8 日成立的国防部第五研究院，经近第七机械工业部、航天工业部、航空航天工业部、中国航天工业总公司的历史沿革，经国务院批准，于 1999 年 7 月 1 日正式成立，为部级央企。中国航天科技集团有限公司是拥有"神舟""长征"等著名品牌和自主知识产权、主业突出、自主创新能力强、核心竞争力强的特大型国有企业。作为国家授权投资的机构，中国航天科技集团有限公司拥有 8 个以航天产品经营为主的产、研结合的经济技术实体和一个外贸公司以及若干直属研究所、咨询机构、公司等。

中国航天科技集团有限公司有 10 万名员工，已培育形成了以重点学科带头人为代表的科技队伍、以优秀企业家为代表的经营管理队伍和以能工巧匠为代表的技能工人队伍。其中，有中国科学院、中国工程院院士 30 余名。中国航天科技集团有限公司在出成果、出人才的同时，孕育形成了航天精神、"两弹一星"精神和载人航天精神以及以"以国为重、以人为本、以质取信、以新图强"为核心价值观，具有鲜明时代特征和航天特色的企业文化。

中国航天科技集团有限公司按照"发展航天、强大集团、改革创新、铸造一流"的发展方针，大力加强企业文化建设和信息化建设，突出导弹武器系统、宇航技术与产品、民用产业三大主业，努力向国际一流宇航公司的目标迈进。

（二）实践经验

人才是第一资源，创新是第一动力，而科技创新的根本源泉还是在人，十年树木，百年树人，企业发展把创新型人才培养摆在了更重要的位置。中国航天科技集团有限公司在创新型人才培养方面主要源于以下做法：

1. 不拘一格降人才

中国航天科技集团有限公司突破"卡年龄、卡资历、卡学历"的束缚，以大胆选拔具有事业心、责任感、有潜力、有创新精神的优秀青年人才"进班子""压担子"为突破口，改进人才选拔方式，推行公开选拔和岗位竞争，择优选拔、大胆任用，一大批德才兼备、年富力强、创新进取的优秀青年人才走科研关键岗位，人才的年龄和学历结构得到了明显改善，为科研创新人才队伍注入了生机和活力，也实现了创新人才队伍的新老交替。截至 2023 年初，中国航天科技集团有限公司所属各院、公司及直属单位中层创新人才，45 岁以下的占比 44%。与五年前相比，提高了 20 个百分点；科研院所中的关键岗位人才，45 岁以下达到 50%。

把配备优秀青年技术骨干参与航天新型号的研制作为锻炼和选拔青年干部的重要途径，将熟悉型号科研生产、专业技术造诣高、有创新精神和能力的优秀技术人才及时推到型号一线领导岗位，完成创新人才的新老交替。

2. 动态选才定标准

根据行业特点和就业形势，确定高校毕业生的接收标准及层次比例。在 27 所著名高校设立"CASC 奖学金"，提升中国航天科技集团有限公司与国内知名高校的合作地位，增强中国航天科技集团有限公司的整体影响力。

中国航天科技集团有限公司先后在全国 20 余所重点高校组织举办了"新世纪、新航天、新形象""放飞神舟、实现理想"和"聚八方英才、铸航天伟业"为主题的"中国航天企业形象巡回展暨航天专场招聘会"。扭转了以往优秀创新人才引不进、留不住的不利局面，为人才队伍补充了大量优秀人才。利用航天优势、区域优势和政策优势，广开视野，重点引进一批专业对口、具有丰富工程经验的高层次专业技术人才和高技能人才，缩短人才培养周期。不断加大高素质技能人才的引进力度，每年从高等院校引进一批文化程度高、具有专业特长的大专毕业生充实到数控加工、电装、电调和测试等知识技能复合型、技术技能复合型岗位上，提高技能人才的整体素质。

3. 薪酬机制促激励

自成立以来，中国航天科技集团有限公司积极推进薪酬分配制度改革，不断完善分配激励机制。始终坚持效率优先、兼顾公平的原则，积极探索按生产要素和按贡献参与分配的实现形式和办法，建立起岗位工资为主体、薪酬与工作业绩紧密联系、鼓励人才创新创造的分配制度和激励机制。

在所属企业单位全面实行岗位系数工资制，所属事业单位实行岗位绩效工资制。对主要成员单位的负责人实施年薪考核，初步构建了科学考核的责任体系，以经营业绩考核结果为依据，合理确定成员单位负责人薪酬水平。规范上市公司经营者经营业绩考核，加强上市公司经营者薪酬管理，调动经营者积极性、创造性，提高公司经济效益。依法为各类人才建立养老、失业、工伤、医疗等社会保险，积极推进企业年金、补充医疗保险等工作，解决人才后顾之忧。

4. 改革创新长坚持

坚持以改革为动力，以机制创新为核心，着力营造有利于优秀人才脱颖而出的环境和条件，建立有利于挖掘人的潜力、激发人的活力、开发人的智力、培养人的创造力的有效机制。

中国航天科技集团有限公司有组织、有计划地开展了人力资源政策法规和制度建设，先后制定了《创新人才管理规定》《专家选拔与管理办法》《高校毕业生引进管理办法》《职工培训教育管理规定》《人工成本管理办法》等涉及人才选拔、培养、吸引与使用等管理规定和办法，初步建立起了具有航天特色的市场化的选拔录用机制、科学化的考核评价机制、职业化的人才培训机制、规范化的监督约束机制，形成了适应航天发展需要的人才管理规章制度体系，为实现人才开发与管理的规范化、制度化和法治化打下了良好的基础，为各类人才的成长创造了良好的政策环境。

5. 人才发展提素质

紧密围绕人才发展战略，努力营造尊重劳动、尊重知识、尊重人才、尊重创造的良好氛围，以提高素质为核心，加强各类人才的培养。着重提高创新人才队伍战略开拓能力。强化人才多岗位实践锻炼，推进人才挂职任职交流，推行党政领导"双向进入交叉任职"；积极推进民用产业经营管理人才队伍建设。加大创新人才党校培训和专业技术人员岗位业务培训力度，开展学术交流与国际合作，选派优秀技术骨干参加相关的学术、技术交流活动。

依托中国航天科技集团有限公司 5 家国家级高技能人才培训基地对技能

人才开展技能培训和学历教育。积极组织技能人才境外培训，促进技能人才队伍的技能水平和整体素质提升。充分发挥各级科技委、专家组和知名专家的作用，以老带新，帮助、指导年轻人探索攻关路径，做好航天高技术的传承和再创新。对贡献突出的科技人才，采取优先推荐享受政府特殊津贴等各种奖项、破格评聘专业技术职务，进一步调动人才队伍技术创新的积极性。开展"名师带徒"，鼓励传帮带。命名了以"中国高技能人才楷模""中华技能大奖"获得者唐建平、高凤林，"全国劳动模范"庞勇和"全国五一劳动奖章"获得者王连友的名字命名的学习型班组，并有计划地举办职业技能竞赛。

（三）他山之石

中国航天科技集团有限公司在创新人才培养方面主要有以下做法：

（1）通过重大工程牵引，吸引集聚优秀人才。

多年来，中国航天科技集团有限公司以载人航天工程和探月工程为代表的航天型号工程任务创新人才为牵引，依托航天技术的发展，吸引集聚了大批优秀人才。截至 2022 年 12 月，中国航天科技集团有限公司创新人才拥有本科以上学历的人员已超过 5 万人，其中博士 2000 多人，硕士 2 万多创新人才人。拥有院士 33 名，国家级专家 101 名，享受政府特别补贴的有 2000多人。

（2）通过科学管理，促进人才快速成长。

一是在工程实践中运用系统工程管理理论和方法，形成科学严密的知识创新人才管理体系和持续改进机制；二是发挥专家群体的带动作用，实施科学作风创新人才培养工程，培养科技人才求真务实的科学态度和严谨细致踏实的工作作风；三是积极搭建交流平台，开展学术、技术交流活动，建立学习型组织。通创新人才过以上措施，促进了人才的快速成长。

（3）通过健全激励机制，激发人才创新活力。

一是坚持把任务完成质量、技术发展成果、个人岗位贡献等作为考核评价的重要内容；二是坚持把大胆使用、将有能力和潜质的人才安排到重要岗位作为激励人才的有效手段；三是大力实施骨干人才津贴，加大拔尖人才激励力度，充分激发员工创新创造的积极性。

（4）通过培育航天文化，凝聚优秀人才。

一是大力倡导科学民主、团队合作，努力营造鼓励创新、宽容失败的学术氛围；二是与时俱进，不断创新质量文化，加强航天型号质量精细化管理，确保型号一次成功；三是坚持把航天精神、"两弹一星"精神和载人航天精神作为鼓励和引导人才成长的核心价值理念，引导科技人才以成功报效祖国、以卓越铸就辉煌。

经过长期不断的探索，中国航天科技集团有限公司对人才成长规律有了一定认识，形成了自有的体系，航天人才队伍可以分为骨干、专才、将才、帅才和大家五类，这五类人才的特质以及成才的途径都有着各自的特点，形成了系统的科技人才体系。

二、中国核电工程有限公司

（一）企业介绍

中国核工业集团有限公司（简称中核集团）是经国务院批准组建、中央直接管理的国有重要骨干企业，是国家核科技工业的主体、核能发展与核电建设的中坚、核技术应用的骨干，拥有完整的核科技工业体系，肩负着国防建设和国民经济与社会发展的双重历史使命。60多年来，我国核工业的管理体制先后经历从三机部、二机部、核工业部、核工业总公司到中核集团的历史变迁，完整的核工业体系始终保存在中核集团并不断得到新的发展，为核工业的发展壮大奠定了重要基础。

2018年，党中央、国务院作出中核集团和原中核建设集团合并重组的重大决策。新的中核集团建立起先进核能利用、天然铀、核燃料、核技术应用、工程建设、核环保、装备制造、金融投资等核心产业以及核产业服务、新能源、贸易、健康医疗等市场化新兴产业，形成更高水平的核工业创新链和产业链，显著提升了我国核工业的资源整合利用水平和整体国际竞争实力。

中国核电工程有限公司（简称中核工程）是依托原核工业第二研究设计院、核工业第五研究设计院的主营业务和主干力量以及核工业第四研究设计院从事核电工作及相关专业的技术骨干，于 2007 年 12 月重组改制而成的，是我国具备核电、核化工、核燃料研发设计能力，专业配备最完整的工程公司。业务范围涵盖了核电前期策划、可行性研究、项目咨询、环境评估、工程设计、设备采购、施工管理、建设监理、调试实施与管理、技术服务、招标代理、人员培训等。

（二）实践做法

中核工程紧紧围绕习近平总书记对核工业重要指示批示精神、中央人才工作会议等精神，以打造高层次创新型人才队伍为重点，建立优化了"1-4-2-5"人才发展体系，力破人才储备不够、评价方式单一、培养缺乏系统性、战略引领性不强等问题，确保人才队伍实现数量、质量双提升。

1. 搭建"1 个核心"六层双塔人才梯队体系

以人才能力水平为依据，中核工程搭建覆盖"尖、精、高、中、青、少"六层次的金字塔形人才库，推进优秀人才识别选拔和核心骨干托举培养。在该基础上建立各层次人才托举库作为后备对象培养，即人才托举"副塔"，构建形成"六层双塔"对象人才梯队。

人才梯队体系中，尖端人才指能影响行业发展趋势，引领公司未来科技创新发展方向的战略型科技人才，包括战略科学家及院士；精英人才指具备科技创新和技术攻关顶层设计能力、能够引领专业领域发展方向的人才，包括国家级勘察设计大师、中核集团首席专家等；高端人才指具有扎实专业知识和宽广视野，能根据公司科技战略带领团队开展专项研究或工程攻关，发挥显著引领作用的人才，包括核工业勘察设计大师、中核集团科技带头人、中核集团卓越工程师、中核工程首席专家等；中坚人才指专业知识牢固、专业造诣深厚，能在重大科研项目或工程项目中发挥较强专业咨询和决策作用的人才，包括中核工程科技带头人、卓越工程师等；青英人才指具有坚实科研或工程技术理论基础与实践经验，具有对相关专业技术领域的分析判断能力、综合决策能力、组织协调能力和设计管理能力的人才，包括青年英才项目负责人、青年科技助理等；少壮人才指专业素质优秀，有拼劲、有干劲、有潜力的青年人才，包括中核工程"核星计划"入选者及各类高水平应届生等。

通过结合不同领域、不同水平人才所具有的人员标签，判断不同人才所处的主塔位置，同时考虑人员标签属性的更新变动，最终实现金字塔形人才库的动态更新。

2. 推进"4大领域"人才队伍协同发展

作为中核集团唯一的核电工程总承包公司，中核工程业务涵盖科技创新、项目管理、工程技术和经营管理四大模块，中核工程在"六层双塔"框架基础上，以科技人才队伍建设为重点，协同推进4大领域人才队伍发展。

（1）持续建设高水平科技创新型人才队伍。搭建高水平研发设计平台，加强重大项目岗位历练，遵循科技创新规律和人才成长规律，以激发科技人才创新活力为目标，稳步提升科技创新型人才队伍水平。

（2）完善组建高效能项目管理人才队伍。培养覆盖核电、核化工项目全过程、全系统、全专业的项目管理人才队伍，持续提升工程总承包能力。

（3）不断优化高技能工程技术人才队伍。全面支撑技术服务实施核工程领域纵向一体化战略，打造全周期采购、调试、运维等环节的工程技术人才队伍，加快智慧核电数字化转型升级，打造小核心、大协作专业化平台。

（4）加快培养高标准经营管理人才队伍。提升经营管理人才的管理理念，强化承上启下、基层引领的积极作用，借助外部挂职借调、内部轮岗交流等多种方式培养多层次、高素质、专业化的经营管理人才。

"华龙一号"是在我国三十多年核电科研、设计、制造、建设和运行基础上，按照核电最高设计标准研制出来的具有自主知识产权的三代核电技术，也是不同领域人才通力协作的超级工程。

3. 聚焦"2个专题"重点人才培养

面对百年未有之大变局，加快培养具有全球视野的青年人才和高层次国际化人才已成大势所趋。

中核工程大胆使用青年人才，鼓励青年人才挑大梁、当主角。通过推荐申报中核集团"青年英才计划"，在科技岗位、项目岗位选用适当比例的青年人才兼职青年科技助理、项目总经理助理及校企联合培养等方式，不断提升青年人才各方面能力，让他们在成才的关键时期得到充分支持，释放创新能量。

中核工程借助开展国际化项目的机会培养国际化人才。通过 ITER 国际大科学工程、巴基斯坦卡拉奇核电海外项目等与国际组织的交流合作，实现外派项目人员、国内支持人员、海外本土人员及相关工程设计、项目管理人员的全链条培养。坚持立足实战、紧贴业务、突出实效的培养方针，造就一批有海外工程经验、有国际化交流合作履历、有国际市场开拓视野和能力，可以支撑公司国际化战略实施与业务发展的人才队伍。

4. 打造"5 维体系"合力保障托举

基于"六层双塔"人才梯队，中核工程建立全面覆盖四大领域的后备培养体系、人才承载体系、人才评价体系、薪酬激励体系及制度体系，并以系统思维和标准化理念推进五维人才发展支撑体系建设。

（1）以引导式人才发展为核心驱动，配套核心人才后备托举培养体系。落实落地"一人一策"机制，梳理"六层双塔"人才库中"精英""高端""中坚"层次共 35 个科技人才细类，明确其奖项、论文、专利等指标的推荐申报条件，帮助培养人根据自身情况设置短期与长期目标。

（2）以重大项目核心科研为依托，形成覆盖基础前沿、应用研究和重大任务领域，适合不同年龄、层次、类型人才的"全链条"人才承载体系。坚持引进人才和培养人才并重，兼顾基础类人才和应用类人才协调发展，形成公司和人才双赢局面。完成首席专家、科技带头人与专业带头人优化方案，强调岗位设置与重大科研项目相结合，采用"揭榜挂帅"机制解决最迫切科研难题。

（3）以创新价值、个人能力、组织贡献为导向，建立客观多元的人才评价体系。改变简单以学历、论文、专利、资金数量作为人才评价标准的做法，解决片面以人才"帽子"对标薪酬待遇和资源分配的问题。从能力发展、工作业绩、团队认可度、人才培养等多维度分类评价。

（4）以提升人才素质凝聚形成公司强大竞争力为愿景，推行符合工程及科研客观规律的差异化激励体系。构建以价值贡献为基础的薪酬激励体系，进一步加大重点科研、重大工程各级技术骨干、项目骨干、经营骨干的补贴激励力度，实现更加科学的激励分配。

（5）以精细化管理为契机，建立贯穿人才工作各个环节的制度体系。建立以能力与贡献为导向的人才库动态化选拔机制、分层次精准施力的人才库托举培养体系、以考核实际贡献为核心的人才库退出机制、与人才发展水平和培养目标相适应的激励机制、发挥人才引领作用的人才库团队支持机制、持续优化更新的人才库信息更新机制。发布人才发展纲要，作为顶层制度文件，固化人才发展体系。

5. 他山之石

随着"1-4-2-5"人才发展体系的扎实落地，中核工程不断构筑人才竞争优势，为建设创新型号技术研发高地和强健现代核工程产业链，加快打造具有先进研发创新能力的综合性国际一流核能工程公司提供了坚实人才支撑。

中核"青年英才"计划经过两批项目的推动和示范，获得了各方一致好评，在中核集团各单位青年科技工作者中引起了巨大的反响。青年英才项目申报十分踊跃，2018年申报项目为200余项，到2021年时已高达800余项。而且，青年科技工作者申报的项目创新意识显著提升，探索和摸高类项目明显增多。"青年英才"计划创立的良好科研环境、树立的良好价值导向，大大激发了青年技术骨干的科研工作热情。加快核心技术突破，领军人才培育周期缩短5～8年。中核集团首批"青年英才"计划50个科研项目全部通过验收，共申请专利170余项，发表论文210余篇；培养研高8人、副高32人，平均年龄33岁。

"青年英才"已成为中核集团科技创新的一张新名片。在受聘青年英才中，60%已获得省部级以上科技奖励，40多人获得国家、行业人才计划支持，多人成为国家级重大项目负责人，80%以上菁英人才已成为各单位技术研发的核心骨干并获得晋升。

中核工程在思想上重视青年创新型人才培养，在实际行动中，为青年人才创建良好环境，提供丰富创新活动，鼓励青年创新，在物质、精神两方面给予极大的支持，使得企业内部青年更具创新活力，形成良好的"创新风"。建立了多维度的考核模式，设置了合理、可实施的容错机制，使青年在实践中成长，在成长中收获，打造了人才培养的"快车道"。

三、国家核电技术有限公司

（一）企业介绍

国家核电技术有限公司（SNPTC，简称国家核电）于 2007 年 5 月 22 日成立，是由中央管理的国有重要骨干企业，是经国务院授权，代表国家对外签约，受让第三代先进核电技术，实施相关工程设计和项目管理，通过消化吸收再创新形成中国核电技术品牌的主体；是实现第三代核电技术 AP1000 引进、工程建设和自主化发展的主要载体和研发平台；是大型先进压水堆核电站重大专项 CAP1400/1700 的牵头实施单位和重大专项示范工程的实施主体。2015 年 7 月，国家核电技术有限公司和中国电力投资集团公司重组，重组后更名为国家电力投资集团有限公司。

国家核电科技人才培训培养实践中，初步形成了基于职业发展体系，以科技力训练营为主、自主选学为辅，激励与约束相结合，规范有序、健全高效的特色培训，并取得良好的成效。

（二）实践做法

围绕科技创新型人才培养目标，国家核电重点从三个方面加强科技创新型人才队伍建设工作。

1. 基于职业发展体系，建立专业技术发展通道

职位发展通道不畅是传统国有企业存在的主要问题，陈旧的人才发展理念和狭窄的人才发展通道，使人才想在国有企业中"成才"，基本还是"华山一条路"，即在经营管理职位上谋求提升，导致三支队伍都千方百计争挤经营管理一条道、千军万马争过"当官"独木桥的不正常现象。为从根本上解决国有企业技术型人才发展的困局，国家核电基于员工职业发展体系，建立多元化的人才发展通道。

（1）通盘整合公司人才发展序列。在研究、统筹员工与企业、整体与布局关系的基础上，国家核电建立包括经营管理、专业技术和操作技能在内的

三大人才发展通道，形成经营、管理、职能、研发、设计、工程、技术、操作、支持九大岗位序列。使包括专业技术人员在内的每位公司员工，都可以根据自身意愿和专长，按照职业发展通道逐步提升。使不同类型的员工各显其才、各尽其能、各得其所，激励其更好地为公司发展创造价值。这样的职业发展体系设计，既符合公司业务特点和岗位工作性质，又满足员工自身发展的需要。

（2）重点打通专业人才发展通道。着眼于拓宽创新人才职业发展空间，进行岗位体系和薪酬体系优化设计，先后制定《高级专业技术人才管理办法》《专业技术带头人管理办法》，建立专家、高级专家、首席专家制度，为专业技术人才，特别是高端专业技术人才打通职业发展"绿色通道"，使专业人才在技术岗位上只要做出贡献同样有地位、有待遇、受尊重。各层级专家均由公司聘任，分别对应公司总工程师和所在单位领导班子正、副职的薪酬标准，并在医疗、福利、考察交流、住房和参与公司决策等方面享受特殊待遇，实现优势资源向一流人才的倾斜。

2. 建立创新人才选拔、评价和激励机制

（1）建立创新人才选拔和引进机制。持续开展公司专家、专业技术带头人、重大专项课题负责人、课题技术负责人的选聘工作。选聘我国核能界、电力界、科研院所、高等院校的知名专家学者，组成公司专家委员会，解决公司在设计、建设、生产中遇到的技术疑难问题，承担起后备人才培养的重任。

拓宽高层次科技人才引进渠道。充分发挥"千人计划""百人计划"和公司高层次人才创新创业基地的作用，积极引进满足依托项目、重大专项人才要求和支撑公司战略发展需要的高层次科技人才。力争使科研工作去"机关化"、去"行政化"，形成行政为科研服务、为人才服务的理念和机制。

（2）优化创新人才评价和考核机制。初步形成以能力业绩为核心、支撑公司核心能力形成的评价体系。邀请行业专家参与评价，力争做到"不唯学历、不唯资历、不唯职务、不唯职称"，把是否符合素质要求、是否满足科技创新课题需要、是否支撑核心能力作为评价高层次科技人才的主要依据。

（3）完善创新人才使用和激励机制。充分信任并大胆使用由外部引进和内部选拔产生的高层次科技人才，压担子、搭平台、促发展。健全以价值为导向的高层次科技人才激励机制。在公司范围内推动公司岗位薪酬体系落地，突出对高层次科技人才的薪酬激励。加大对科技创新的奖励力度，设立创新功臣奖、科技发明奖、技术进步奖、优秀专利和论著奖，对工作业绩突出及取得创新成果的高层次科技人才及其团队给予奖励。积极推荐高层次科技人才参评包括国务院享受政府特殊津贴专家、国家有突出贡献专家在内的各类荣誉称号，增强高层次科技人才的荣誉感和成就感。落实高层次引进的待遇，为其提供包括薪酬福利、住房、医疗、子女教育、配偶工作等在内的一揽子保障措施。

建立"鼓励员工自主创新"机制，设立自主创新基金，每年面向专业技术人员征集自主创新课题，鼓励专业技术人员在完成本职任务的同时，在自己感兴趣的领域进行前沿性研究，并在博士中进行试点，一个鼓励人才学习成才、创新创造的机制正在形成。

3. 搭建科技创新人才培养体系

（1）搭平台。作为一家以技术创新为主要任务的现代化国有企业，强调教育培训是公司最重要的基础性工作，致力于通过建立与职业发展相结合的个性化学习规划，完善与绩效管理相结合的激励约束机制，充分调动员工学习积极性，持续提升个人和组织的核心能力和工作绩效。为每位员工制定个性化培养方案，建立以学分制度为核心的全员培训机制，高端引领创新人才培养。

（2）建机制。实施科技创新型人才培养工程，选拔一批科技创新骨干和优秀青年科技创新型人才，进行重点培养。制定《国家核电高层次科技人才培养办法》，明确依托项目和重大专项各级负责人的人才培养职责并纳入绩效考核范围。根据依托项目和重大专项各课题涉及的专业、领域，制定高层次人才培养目标和培养方案。

（3）抓项目。以科技力训练营为抓手，高端引领科技创新型人才培养。科技力训练营以科技创新骨干人才和青年人才为培养对象，培养具有国际先进水平的科技创新专家和优秀科技创新骨干人才。训练营以提升科技创新能力为基础，强调科研项目管理能力和科研团队管理能力的培养，辅以文化素质课程和前沿理论学习，同时重点引入行动学习和导师制，构建交流研讨平台，创建乐于分享、敢于质疑、善于创新的学习环境，切实提高受训者的科技创新能力。

训练营针对领军人才和高级人才开设领军人才班、科技力海外研修班，全面提升其团队领导、科技创新和创新管理的经验和能力。针对重大专项（副）总师、课题负责人和技术负责人开设重大专项负责人班，通过对项目管理、目标管理和质量管理理念、工具和方法的学习，提升其在重大专项实施过程中组织协调科研项目顺利实施的能力。针对科技创新青年人才，开设菁英人才班和新锐人才班，形成覆盖各层级科技创新型人才的立体式培训体系。

四、华为技术有限公司

（一）企业介绍

华为技术有限公司（简称华为）于 1988 年成立，总部位于广东省深圳市，是一家生产销售电信设备的员工持股的民营科技公司，是电信网络解决方案供应商。华为的主要营业范围是交换、传输、无线和数据通信类电信产品，在电信领域为世界各地的客户提供网络设备、服务和解决方案。

华为以"丰富人们的沟通和生活"为愿景，以"聚焦客户关注的挑战和压力，提供有竞争力的通信与信息解决方案和服务，持续为客户创造最大价值"为使命，以"成就客户、艰苦奋斗、自我批判、开放进取、至诚守信"为核心价值观。

（二）实践做法

1997 年，在《华为基本法》的起草过程中，一位教授曾经问任正非："人才是不是华为的核心竞争力？"任正非答道："人才不是华为的核心竞争力，对人才进行有效管理的能力，才是企业的核心竞争力。"这是华为最核心的人才理念，也让华为团队一直保持着极高的价值创造能力。

1. 建立培训中心，搭建人才蓄水池

任正非曾经在《华为人报》上撰文："如果我们的员工素质不高，培训不严，因经验不足处理不当造成全网瘫痪，这是多么可怕的局面。因此，从难从严，从实际出发，各级组织加强员工培训，是一项长期的艰巨任务。市场部去国外考察，他们报告，国外企业十分重要员工培训，他们将在一两年内，通过员工现场报告，将工作水平提高到国际水平。我十分高兴。希望每一个部门都认真对待这个问题。我们生存下去的唯一出路是提高质量，降低成本，改善服务。否则十分容易被外国垄断集团一棒打垮。"

在这样的思想指导下，华为建立起了一整套完善的员工培训体系，该体系几乎涵盖了企业培训的全部内容，包括新员工培训系统、管理培训系统、技术培训系统、营销培训系统、专业培训系统、生产培训系统。

（1）新员工培训系统。华为新员工培训采取全封闭、半军事化的培训方式，将操练、课堂教学、分组讨论、团队竞赛、集体活动有效结合，使新员工在学习中引发思考，在讨论中互相启发，在竞赛中实践演练，在活动中展示才华。华为新员工培训致力于培养具备开放意识、合作精神和服务意识，富有责任心，具有自我批判能力，理解公司的价值观和经营理念，认同公司文化，掌握基本的工作常识和专业技能，具有可持续发展性的新一代华为人。

（2）管理培训系统。管理培训系统是面向各级管理者进行的管理实务培训，其培训体系是在围绕公司对管理者任职资格标准要求的基础上设计和开发的，运用学习—练习—行动的培训模式，采用案例研讨、角色扮演、管理游戏等多种教学方法，使参培人员迅速有效的接受并理解培训内容，养成有效的管理行为习惯，逐步走上职业化管理的道路。

（3）技术培训系统。技术培训系统的宗旨是响应华为"人力资本的增值优于财务资本增值"的企业价值观，站在全流程培养的高度，基于系统化培训与例行化指导培养相结合的工作思路，对每一种角色从任职要求与职业发展两方面进行规划并提供系统化的培训培养措施，从而使人才成长与公司发展相互促进，培养职业化的工程师与职业化的经理人。

技术培训系统为每一个技术角色与管理角色提供职业发展过程中从低到高的系统化的培训课程与培养手段。培训包括适应性培训与提高性培训两大类，适应性培训促进每一个角色适应现有的岗位，课程体系主要包括角色意识、岗位职责与关键行为、工作方法与技能三个部分；提高性培训则为需要向更高层次发展的员工提供素质技能提升的机会，课程包括更高级别的套餐培训、相关领域的套餐培训等。技术培训系统在角色课程基础上形成角色工作手册，努力创造学习型氛围，推动例行化指导与"干中学"，为更快、更多地培育职业化工程师、经理人创造一个良好的环境与支撑条件。

（4）营销培训系统。营销培训系统包括营销上岗培训、提高培训和专项业务培训三大类，分别对应营销专业任职资格。该系统既满足华为对各级营销干部任职资格的要求，又满足营销人员的个人职业发展需要。营销培训整合了华为内、外部资源，聘请最优秀的教师开发课程和进行教学。经过多年探索和实践，为广大学员提供了科学的学习方法并倡导学习的意识，达到从人的知识、素质、技能等方面发展营销人员的综合能力的目的。

（5）专业培训系统。专业培训系统涵盖人力资源、IT、计划、流程管理、采购等专业的培训，培训课程是按专业职位任职要求和员工专业发展进行设计和开发的，为员工业务提高、职业发展提供有计划的系统培训，致力于为公司培养人力资源管理专家、IT 网络专家、计划专家、流程管理专家和采购专家。

（6）生产培训系统。生产培训系统针对各个岗位之间学历中心及技能难度要求均有较大跨度的特点，实行"集中管理，分层实施"的培训管理体制，即根据各个不同的岗位自身特点分别组织业务培训和岗位技能培训，并在此基础上，就多个岗位共同需求的知识技能组织统一培训。培训内容紧密结合岗位任职资格要求，以达到在本岗位的任职能力要求并不断提升为目的，分别设置了上岗培训课程和岗位提高课程。培训形式多样，既有课堂式的脱岗培训，又有大量"手把手，从做中学"的在岗培训，确保了学员有足够的操作机会和深入思考的时间，较大程度上满足了生产系统广大员工学习和发展的需要。

2. 完整体系指引人才发展

任正非曾指出："我们正面临历史赋予的巨大的使命，但是我们缺乏大量经过正规训练、经过考验的干部。华为现在的塔山，就是后备干部的培养。"

华为管理者的成长大致遵循"'士兵'（基层员工）—'英雄'（骨干员工）—'班长'（基层管理者）—'将军'（中高层管理者）"的职业发展路径。根据华为人才培养工作的实践特点，华为管理者的培养过程划分为三个阶段，在华为，从基层到高层培养是不断收敛的，会逐步挑选出越来越优秀的人员。可以说，华为把人才管理做到了极致。华为人才体系的核心是"三位一体"的管理模式，即精准选配、加速成长、有效激励。

（1）精准选配：精准选择，合理配置。

★一是人才招聘：最合适的，就是最好的。

"企"之一字，有"人"为企，无"人"为止；先要有人，才有业绩。人是企业的根基。而"人"之一字，捺在撇上为"入"，撇捺分开为"八"，交叉则为"×"；只有合适，方为有用之才。企业发展，在于选人；而选人之道，在于精准。企业招聘最重要的是要建立岗位人才标准，这其实就是一把尺子。这把尺子通常有两个维度，第一个维度是该岗位的能力素质要求，第二个维度是个人的价值观是否与企业的核心价值观一致。如果在这两个维度上人与企业的要求都能完美契合，那么这个人就是企业所需要的人才。

从长期来看，价值观的重要性要远远超过能力素质。随着工作的逐渐深入，价值观的差异会让员工与企业之间的嫌隙逐渐放大。对于企业而言，这无异于一颗不定时炸弹，一旦爆发就会产生重大的不利影响，而且能力越突出，对企业的负面影响越大。1997 年，任正非曾经说过："当你用一个人的时候，先别管这个人强还是不强，你要告诉我你究竟让他做什么，也就是说他的能力是否与你想让他做的事情匹配。"

归纳而言，从企的长远发展来说，选人首要考虑的应该是价值观因素，其次是能力素质与岗位要求的匹配程度。正如俗语所言：把合适的人放在合适的岗位。

★二是人才搭配：用人所长，补其所短。

《华为基本法》中有一句经典："金无足赤，人无完人，优点突出的人缺点同样突出。"企业家也经常会说:"没有完美的个人,只有完美的团队。"团队组建不单指公司的核心领导团队,还包括一个部门的领导团队、一个项目的领导团队等。但无论什么团队,在团队组建时,都需要坚持八字方针——"价值趋同,优势互补"。

华为把人才搭配的原则称为"狼狈计划"。就像军队一样,团队不仅要有司令指挥冲锋陷阵,还要有政委营造氛围。团队的强大战斗力,来自核心成员价值观一致且优势互补所形成的合力。很多成功的企业都有人才搭配的经典范例。任正非的战略思维和领导力超强,就像华为的远光灯;孙亚芳的职业化素养高,在组织管理上细致入微,像华为的近光灯。二者相辅相成,共同推动了华为近二十年的高速发展。

★三是人才生态链:一杯咖啡,吸收宇宙能量。

任正非有一句非常经典的话:"一杯咖啡,吸收全宇宙的能量。" 它的内涵是学习、开放和交流。一杯咖啡吸收宇宙能量,并不是咖啡因有什么神奇作用,而是利用西方的一些习惯,表述开放、沟通与交流。任正非建议华为的员工要多跟同事喝咖啡,专家要多走出去,干部要多跟下属一起吃饭,市场人员要融入客户圈子。他强调的是在交流中学习并吸收能量,只有吸收能量,人才能进步,企业才能发展。

前提是要有针对性地找那些对自己或企业发展有价值的人,即定向的人脉网络,很多企业都非常重视自身人才队伍的建设,也就是内部人才的选拔、培养、使用和激励,但是往往忽略了企业业务生态发展的关键要素——人才生态。

(2)加速成长:系统为先,效果为王。

没有人才的成长,就没有企业的成长。然而,中国企业人才成长的速度,却不能满足企业发展的要求,所以人才的成长必须要加速、加速、再加速。人才加速成长的背后,是华为系统的人才培养机制。华为人才培养机制华为员工的成长大致遵循"'士兵'—'英雄'—'班长'—'将军'"的职业发展路径,大致可以分为三个阶段。

★一是基层历练阶段,"将军是打出来的"。

对待基层员工,任正非强调"要在自己很狭窄的范围内,干一行、爱一行、专一行，而不再鼓励他们从这个岗位跳到另一个岗位"。当然，也允许基层员工在很小的一个面上有弹性地流动和晋升。与其他企业的做法不同，华为对于干部只强调选拔，不主张培养和任命。干部需要通过实际工作证明自己的能力。"每个人都应该从最基层的项目开始做起，将来才会长大，如果通过烟囱直接走到高层领导来的，最大的缺点就是不知道基础具体的操作，很容易脱离实际。"

★二是干部成长阶段，岗位轮换与赋能。

"证明是不是好种子，要看实践，实践好了再给他机会，循环做大项目，将来再担负更大的重任，十年下来就是将军了。"有管理潜力的人才通过基层实践选拔出来后，华为会提供跨部门跨区域的岗位轮换和相应的赋能培训。

其中，循环轮换部分由人力资源部负责。在华为，干部讲究"之"字形成长，"过去我们的干部都是'直线'型成长，对于横向的业务什么都不明白，所以，现在我们要加快干部的'之'字形发展。"各部门将负责帮助新流动进来的人员尽快融入和成长。循环流动的人员到了新部门，也要通过学习去适应新环境和新工作。

而赋能部分，由华为大学承担。华为大学教育学院基于"管事"和"管人"两个角度专门开发了相关培训项目——后备干部项目管理与经营短训项目（简称青训班）和一线管理者培训项目（简称FLMP）。

★三是理论收敛阶段，理念、文化与哲学"发酵"。

在华为，从基层到高层培养是不断收敛的，会逐步挑选出越来越优秀的人员。"在金字塔尖这层人，最主要是抓住方向。"走过训战阶段进入高阶后，干部若想成长为真正的将军，进一步成为战略领袖和思想领袖，就要使"自己视野宽广一些、思想活跃一些，要从'术'上的先进，跨越到'道'上的领路，进而在商业、技术模式上进行创造"。为帮助中高级干部实现"术"向"道"的转变，华为规定每位高级干部都必须参与华为大学的干部高级管理研讨项目，简称高研班。和一般企业大学的做法不同，华大的高研班要求学员自费参训，目的是让每位参训干部增强自主学习的意识，而且不经过高研班培训的干部不予提拔。

（3）有效激励：点燃人才内在驱动力。

很多企业认为，必须有足够的钱才能产生足够的激励效果，但从实际来讲，钱与激励机制是否有效没有任何关系。很多创业公司没有多少钱，照样可以吸引并激励优秀员工；而很多财大气粗的企业，不恰当的物质激励却会带来负面效果。从本质上看，华为激励机制成功的背后有两个非常重要的底层要素，也就是获取分享制和期望值管理。

★一是获取分享制：激活员工最大动力。

网上经常有人传播任正非的一句话"只要钱给够，不是人才也能变成人才"，也有很多文章写华为高薪招聘人才，这就让很多读者认为华为的激励机制是"重赏之下必有勇夫"，然而事实并非如此。

华为高薪背后的逻辑是任正非的"获取分享制"，和创业阶段"不让雷锋吃亏"的逻辑完全一致。首先，必须是"雷锋"——贡献者，因为贡献大，所以回报高。这里的回报不仅仅是物质回报，还有荣誉奖和成长空间。华为的人均产出高居全球高科技企业的第七位，而中国企业人均产出平均值仅有欧美企业的1/4，这才是华为人可以多拿钱的硬道理。在华为的激励总包中，人力资本所得和货币资本所得的比例是 3:1，劳动贡献是获取回报的主要方式。未来，这个比例还会继续提高，通过缩小货币资本回报的比重，让那些希望"不劳而获"的"持股人"断掉念想，坚持长期奋斗。

★二是期望值管理：设定合理任务目标。

大多数企业错误地认为，给钱越多，激励效果就越好，实际上并非如此。薪酬数额的绝对值固然重要，但薪酬绝对值与个人期望值的差距，才是激励是否产生效果的关键。欲壑难填是激励机制设计中面临的人性挑战。华为非常重视期望值管理，让员工对自己的薪酬预期在理性的范围之内，由此才会让激励产生应有的效果。

首先，华为坚持设定具有挑战性的目标——不能让目标很容易达成。其次，在考核中，华为坚持兑现 A 占 10%、B 占 40%、C 占 45%、D 占 5%的基本比例。华为激励模式未必适合所有企业，但它的核心理念和操作方法可以给许多中国企业带来借鉴，有利于企业把"价值创造—价值评价—价值分配"的人力资本增值循环做得更好。

（三）他山之石

华为的人才布局，"筑巢引凤"的观念已经落后了，现在是"为凤筑巢"，这才是现代企业人才管理的方式，才能加速人才的培养。

1. 企业领导人是"培训校长"

企业领导人必须是人才培养工作的第一领导。比如，华为大学的最高领导一直都是任正非，其他人只是担任执行副校长。这里，钱不是人才培养的首要问题，企业家的影响力才是。中国一大批企业大学失败的案例告诉我们：最高领导者不挂帅，人才培养工作夭折的概率极大。

2. 中高级人才都是"教练员"

中国的大多数企业，管理者的主要任务就是带领团队实现工作目标，中高级专业人才的主要任务也是发挥专业能力实现工作目标。华为则不同，华为的中高级人才除了要完成工作目标外，还要完成人才发展的目标。华为要求所有的中高层管理者，都要经过 TTT 和教练技术的培训，并通过培训考核。这样，员工除了参加各种脱产培训之外，还会在工作中得到自己的上级主管和专家一对一的指导和帮助，成长速度明显加快。此外，华为内部超过半数的会议属于学习会。会上，主管或专家会和大家一起分享成功的经验和失败的教训。每个月的案例研讨和经验交流会，会议中的每个人都在助力别人的成长，这才是真正的学习型组织。

3. 聚焦重点：集中火力，快速突破

企业发展速度快的时候，一定要记住：挑出其中最需要提升的一两项重点，集中火力，快速突破，之后再找出其他改善点并继续发力。

在华为，除了基础性知识的培训之外，无论是干部培养还是专业人才的培养，都是先聚焦在一两个重点改善项目上。如果这一两个重点项目在 1～3 个月内得到了显著提升，再聚焦提升其他改善项目。如果聚焦的改善项目没有达标，一般会延长该项目的培养时间。通过 6 个月的培养周期，大部分人的重点改善项目都会有明显的提升，也会超过传统企业培训一年的效果。这就是典型的人才倍速成长法，华为称为人才成长加速器。

4. 训战结合：培训的最终目的是应用

现在很多企业都喜欢做培训，好的培训不是形式化，而是要培养真正的战士。华为大学的培训原则是训战结合，即围绕实际工作的场景，进行问题解决式的培训。在学习的过程中，导师会让学员进入实战模拟操作，针对可能要参与的真实项目提出自己的见解和解决问题的思路。导师会对学员的问题进行点评和总结。培训的目的只有一个，就是让学员学习之后，能够在战场上取得预期的战果。

《 **第四章**

国网河北电科院人才

管理实施现状

一、企业背景简介

国网河北电力科学研究院有限公司（简称国网河北电科院）始建于 1958 年，承担着河北南网电气设备性能、电能质量、节能、环保等 13 项技术监督任务，负责河北南网科技攻关、技术监督、技术支撑等业务。国网河北电科院专业门类齐全、测试手段先进、技术力量密集，业务范围涵盖电力生产各个领域。先后获得国家电网有限公司文明单位、河北省文明单位、河北省先进集体、河北省诚信企业、河北省优秀高新技术企业、河北省 AAA 级劳动关系和谐企业、中国专利优秀企业、全国模范职工之家、河北省职工道德建设标兵单位、全国五一劳动奖状等荣誉称号。此外，国网河北能源技术服务有限公司（简称国网河北能源公司）是河北省高新技术企业，与国网河北电科院是一套人马、两块牌子。主要承担市场化经营业务，包括新建火电和送变电工程的调试任务、220 千伏及以上输变电工程和公司统调机组的技术监督和技术服务等。目前，国网河北电科院正式员工 331 人，平均年龄 40.46 岁。其中，博士研究生 17 人，硕士研究生 186 人，正高级职称 65 人，副高级职称 157 人。

目前，国网河北电科院拥有重点实验室 17 个，其中实验单元 77 个，面积 1.1 万平方米，涉及新型电力系统、设备状态评估、物资质量检测、机网协调、节能减排、电网环保、金属材料等电力系统各专业。其中，国家电网有限公司级实验室 1 个（变电主设备状态先进感知与智能评估技术实验室）、培育实验室 1 个（多级电网源网荷储一体化规划与协调控制实验室）。拥有河北省企业重点实验室 1 个（河北省能源互联网仿真建模与控制重点实验室）、河北省学科重点实验室 1 个［河北省电网先进测量与监控重点实验室（参与）］，拥有河北省技术创新中心 4 个［河北省输变电技术创新中心、河北省火力发电节能环保技术创新中心、河北省电力系统蓄电池监测技术创新中心（参与）、河北省大型电站机炉安装技术创新中心（参与）］。此外，还拥有国家电网有限公司技术标准验证实验室 2 个，河北省科普示范基地 1 个，国网河北省电力有限公司命名实验室 6 个，实现了发、输、变、配、用专业的全覆盖。

国网河北电科院和国网河北能源公司共获得国家级、省（部）级、行业级资质 22 项，包括电源工程类特级调试资质、电网工程类甲级调试资质、国家电网有限公司 A 级智能变电站调试资格、特种设备检验检测机构甲类证书等，并获得了国家实验室认可，河北省市场监督管理局检验检测机构资质认定（计量认证）和电力计量授权，通过了"质量、环境和职业健康安全"认证。

国网河北电科院坚持以习近平新时代中国特色社会主义思想为指引，认真贯彻落实国家电网有限公司和国网河北省电力有限公司决策部署，紧密围绕"一体四翼"发展布局，立足"三基地、一纽带"发展定位（科技创新基地、人才培养基地、试验检测基地、网源连接纽带），大力推进科技创新，坚持将人才驱动作为创新驱动的根本来抓，探索建立复合型人才培养和激励制度体系，引导和激励广大科技人员立足岗位出业绩、立足创新求突破、立足专业谋发展，形成纵向延伸、横向互通、突出贡献、导向明确的专业发展管理模式和金字塔人才阶梯，为国网河北电科院乃至国网河北省电力有限公司加强专家人才队伍和平台建设、提升自主创新能力和科技管理协同提供宝贵的理论和实践依据。

二、国网河北电科院人才开发基础

（一）国网河北电科院发展目标与理念

国网河北电科院坚持人才驱动与科技赋能，努力建成一流科技创新型企业，坚持"一红二真四正"的企业发展导向，与贯彻落实国网河北省电力有限公司建设一流现代化能源强企决策部署和"三高六强"工作思路相结合，持续推进。其中，"一红"是指：强调举红旗，把讲政治作为第一位的要求，深刻认识和把握"两个确立"的决定性意义，坚决做到"两个维护"，不断提高科技创新人才的政治判断力、政治领悟力、政治执行力，坚持为党育才。"二真"是指：念真经，坚定马克思主义理想信念，以习近平新时代中国特色社会主义思想为指引，坚持党对电力科研事业的领导，坚守电科人的初心和使命；下真功，始终坚持"六大管理举措"和"五项人才培养激励机制"，针对性推进制度保障、机制完善，加快构建形成依法合规、科学高效的现代治理体系，不断释放体制机制活力。"四正"是指：走正路，围绕国家电网有限公司和国网河北省电力有限公司决策部署，立足"三基地、一纽带"发展定位，充分发挥技术和业务支撑保障作用；树正气，持续深化队伍作风建设，加强高端人才培养，拓宽员工职业发展通道，充分凝聚干事创业的强大合力；干正事，聚焦能源清洁低碳转型、新型电力系统建设等重点领域，扎实组织做好科研攻关、技术支撑和经营管理等工作；修正果，锚定建成一流科技创新型企业奋斗目标，咬定青山不放松、一张蓝图绘到底，不断开创国网河北电科院创新发展新局面。

（二）国网河北电科院人才开发思路

以习近平新时代中国特色社会主义思想为指导，深入贯彻落实国家电网有限公司、国网河北省电力有限公司关于加快人才高质量发展各项决策部署，牢固树立"大人才"理念，深入推进"三全一创"人才计划，以问题为导向，以需求为牵引，探索建立复合型人才培养和激励机制，全力为人才"搭台子""铺路子""架梯子"，营造尊重人才、支持人才、关心人才、成就人才的浓厚氛围，为科技创新型企业建设贡献人才力量。

1. 加强青年人才选拔培育

一是制定新入职员工培养路线图。紧抓新员工职业生涯"第一个五年"的黄金期，针对性开展职业引导和规划，制定"一年入职、二年上岗、三年成熟、四年成才、五年拔尖"的五年期成长目标，初期重点锤炼岗位技能，中期广泛提升专业素养和创新能力，后期通过承担重点科研任务、担任各级实验室和攻关团队技术骨干等方式，为国网河北电科院选拔培养拔尖人才后备。

二是加强青年员工成长辅导。深入推行"六个一"入职培养计划，即新员工在见习部门，明确一个指导师傅、制订一个详细培训计划、去一次试验现场、写一份试验报告、提交一份见习总结，扣好青年员工职业生涯第一粒扣子。实施职业生涯导师与专业导师"双导师"制师带徒模式，与入职 5 年内的青年员工签订师徒协议，让青年员工从政治思想、岗位技能、创新能力等方面迅速提升。

三是开展青年员工量化积分考评。滚动开展青年员工成长积分评价工作，针对 35 岁及以下青年员工，通过量化积分，对其成长过程中的资质资格、创新贡献、荣誉奖励、个人绩效等进行记录和评价。根据积分评价结果，建立青年人才"一人一策"的跟踪培养机制，为青年员工树立目标，助力青年员工对标先进、补齐短板、不断提升。

2. 创新完善人才激励机制

一是建立多元化薪酬分配机制。打破平均主义，制定创新激励硬核措施，加大薪酬分配向核心科研人员倾斜力度，设置科技奖励专项，深化向一线倾斜的薪酬分配制度，优化各部门内部绩效工资分配办法，突出向核心技术骨干倾斜、向业绩突出员工倾斜的导向，合理拉开收入差距，让有贡献的科研人才"名利双收"。

二是强化科研人才长效激励。积极探索实施项目分红、虚拟分红等多样化激励模式，探索建立创业基金、青年创新基金，探索实施虚拟项目收益奖励机制，逐步建立以科技创新价值为核心导向的薪酬体系，重点向核心科研人才与高水平攻关团队倾斜，灵活运用当期和延时激励方式，实现对科技成果发明人及团队的精准激励和长效激励。

三是畅通人才发展通道。破除传统晋升机制，推行"高级技术岗"待遇，对在科技攻关中做出突出贡献的青年员工，给予正常晋升流程之外的专项待遇。提高优秀博士毕业生待遇，对于见习期表现优秀，且符合相应业绩条件的博士毕业生，转正后直接调整至高级岗。推动年轻领导人员与青年员工培养贯通，将业绩突出、综合素质优秀的青年人才骨干纳入优秀年轻干部人才库。

3. 加强高端人才建设

一是实施高端人才引领工程。突出"专家级"专业人才培养，聚焦新型电力系统、大数据、互联网、人工智能等关键核心技术，选拔培育能代表国家电网有限公司、国网河北省电力有限公司最高科技水平、"一锤定音"的高级（资深）专家和实战型专家。

二是大力实施电力工匠塑造工程。大力弘扬劳模精神、劳动精神、工匠精神，注重高技能人才的挖掘与培养。建立技术创新人才库，通过联合攻关、工程实践、岗位练兵、师带徒等方式，培养选拔一批精益求精、执着专注、技艺精湛的"大工匠"，力争获得更多更高的先进荣誉和创新成果。

三是精心打造服务雄安创新团队。坚持"三个导向"（问题导向、目标导向、需求导向）的科技创新思路，面向雄安新区高质量建设发展需求，深度参与电网工程建设运营，加强联合攻关和实验室攻关团队建设，充分发挥国网河北省电力有限公司博士后科研工作站作用，选拔培育一批创新突出、理论深厚、技术精湛、业绩优秀的专家人才，打造一支高水平支撑雄安发展的科技创新团队。

4. 加强科技创新能力培育

一是扎实开展全员培训师活动。紧跟国网河北省电力有限公司最新政策及技术发展方向，按照"专业推荐＋个人自选"一人三题确定培训内容，以线上、线下相结合的方式，组织全体员工走上讲台开展授课。通过开展"全员培训师"活动，建立"人人为师，知识共创"的人才学习发展环境，激发员工成长成才的"自驱力"。

二是深入推进电科大讲堂活动。充分发挥好人才带头作用，选取"老师傅"、优秀人才和青年骨干，结合能源领域各专业技术特色，面向国网河北省电力有限公司系统以及发供电单位等制定电科大讲堂授课计划，组织各专业部门深入研究授课主题，广泛查阅资料，开展专项调研，聚焦自身专业领域，精心准备授课内容，利用周例会、月度例会等平台载体，开展专题培训，培训通过网络在线形式同步面向全院进行直播，实现业务培训的"全员化""便捷化""网络化"。

三是设计差异性的培训实践活动。优化"双导师"制师带徒培养。充分发挥管理、技术骨干的"传帮带"作用，在传统师带徒"一对一"教学的基础上，进一步创新青年员工培养模式，实施职业生涯导师与专业导师"双导师"制师带徒模式，为近5年入院的青年员工确定职业生涯导师与专业导师，签订师徒协议，制定培养计划，引导青年员工成长成才。强化现场实践锻炼。

帮助青年员工更好积累现场工作经验，鼓励青年员工到特高压建设、电源基建调试等生产现场，参与网厂运行检修、生产试验等工作，深入一线"接地气、练本领、长才干"，进一步增强青年员工技术支撑与技术服务能力，加速青年员工成长成才。

三、国网河北电科院人才培养面临问题

1. 高端人才队伍力量较为薄弱

截至 2022 年底，国网河北电科院在落实国网河北省电力有限公司"三全一创"及"大人才"体系建设要求等方面取得了一定成效，专家人才数量稳步提高，但国家电网有限公司级等高端拔尖人才数量较少，仍然缺乏能够"独当一面"和"一锤定音"的高水平专家，专家人才队伍建设仍需进一步加强。

2. 青年员工科技成果质量需进一步提高

青年员工成长在科技创新方面存在高等级科技奖项不足、高质量科技论文较少等问题。以第一作者及通信作者身份独立完成 SCI、EI 期刊论文撰写数量较少，SCI 论文中Ⅰ、Ⅱ区论文较少，Ⅲ、Ⅳ区论文占比较高。

3. 博士研究生"一人一策"针对性培养仍需加强

现有博士研究生，均为部门科研骨干，在科研创新方面表现比较突出，但根据不同博士研究生特点，开展"一人一策"针对性培养做的还不系统。对博士研究生培养存在重科研、轻现场的情况，博士入职后尚未完全了解现场实际工作就开展科技创新研究，理论与实际相结合方面还需加强。

第五章 »
科创人才赋能实践

一、科技创新型人才赋能管理模式

结合推动一流科技创新型企业建设，深入分析企业科技创新型人才成长规律，**聚焦科技创新型人才发展需求**，依托组织能力建设的"杨三角理论"，引导成就意愿、强化创新能力、完善机制环境等，建立人才个体与科创环境的能量互动机制，**规划设计科技创新型人才"四度管理"生态化赋能体系**（见图 5-1），**突出人才评价精度、复合培养速度、激励管理温度、业才共创深度**，构建良性、系统的科创人才生态化管理赋能体系。

图 5-1　科技创新型人才"四度管理"生态化赋能体系核心内涵

科创人才生态化赋能模式的实践应用，**一是坚持"以评促行"的精准引导**。通过"青年员工成长积分及创新工作积分体系"，把握青年员工成长轨迹，明确指引青年员工成才方向。**二是突出"复合培养"的加速作用**。夯实创新根基，制定人才培养措施，全力为人才"铺路子""搭台子""架梯子"，激发企业创新活力。**三是做好"多维激励"的管理措施**。强化"薪酬倾斜""定岗岗级""多能成长""荣誉贡献"的多维激励机制，营造爱惜人才、奖励贡献的人才成长环境。**四是紧贴"实践创新"的历练场景**。重视"现场实践""产研融合""智研管理""柔性共创"的业务共创开展,激发企业创新活力与人才动力。

二、科技创新型人才开发策略

1. 党管人才原则

加强组织领导,坚持党管人才,切实提高政治站位,主要负责人是人才工作第一责任人,形成齐抓共管、群策群力的人才工作格局。坚持党管人才原则,发挥党委核心作用,结合企业生产经营实际,建立党委统一领导的、党管人才与现代企业法人治理结构有机融合的领导体制,统筹人才发展,切实履行好管原则、管机制、管标准、管监督的职责,以事业凝聚人才,用实践造就人才,靠机制激励人才。党政主要负责人要树立强烈的人才意识,善于发现人才、培养人才、团结人才、用好人才、服务人才。

2. 服务发展原则

围绕公司发展和改革创新需求来谋划人才工作;将服务公司发展作为人才工作的根本出发点和落脚点,公司上下牢固树立的思想,对公司各部门、各县公司的人才工作实施统筹协调,集中公司系统内部优质资源;充分发挥各专业部门在人才培养的专业主导和参与主体作用,调动各级各方共同承担人才职责、全面推进人才工作、激发人才活力。围绕公司建设等重点战略,确定各类人才开发目标、任务和措施,促进公司科学发展。

3. 人才优先原则

真正树立人才资源是第一资源的理念,把加强队伍建设放在企业发展特别重要的位置加以落实。充分发挥人才的基础性、战略性作用,做到人才资源优先开发、人才结构优先调整、人才投资优先保证、人才制度优先创新,坚持**"重点人才重点培养,优秀人才优先培养,紧缺人才抓紧培养,青年人才全面培养"**的方针,采取**"走出去、请进来"**的方法,按照多层面系统培养的原则，明确各级各类人员的培养目标，引导人才工作科学化、系统化、规范化。不断提升队伍整体素质，增强公司核心竞争力，实现员工和企业共同成长。

4. 改革创新原则

创新思维，坚决破除束缚人才发展的思想观念和制度障碍，最大限度地激发人才的创新活力、创造智慧和创业激情。要完善配套政策，科学预测人才需求，编制人力资源专业规划，不断提高人才工作的科学化、规范化、精益化水平。要精心策划实施，抓好各级人才的选拔、使用、培养和考核，高质量抓好人才队伍建设，为公司战略落地提供坚强人才支持和智力保障。

三、科技创新型人才评价管理机制

（一）青年人才成长积分

1. 青年人才成长积分的界定

青年员工成长积分评价标准是青年成长磁力效应的风向标，通过开展闭环式、痕迹化的成长评价能够客观反映青年员工成长轨迹，多维度对当年参与的工作进行积分记录、总结分析，深入挖掘存在的问题，有助于弥补短板、增潜聚力，提高青年员工培养发展的针对性和精准性。

2. 青年人才成长积分指标框架

构建青年员工量化考评机制，制定《青年员工成长积分评价工作规范》，针对 35 岁及以下青年员工，从个人资质、培养考核、科技创新、竞赛荣誉、日常工作考评以及负向评价 6 个方面开展评价，构建全要素量化考评指标体系，为青年员工树立目标，鼓励青年员工立足岗位、持续提升。具体指标体系内容见表 5-1 和表 5-2。

表 5−1 　　　　　　　　青年员工成长积分评价工作规范

积分维度	积分指标	积分依据
个人资质积分	1. 学历学位	按照员工入职时学历给予一次性学历积分
	2. 专业技术资格	（1）取得初级专业技术资格的积 0.8 分。 （2）取得中级专业技术资格的积 1 分。 （3）取得副高级专业技术资格的积 1.5 分。 （4）取得正高级（优高级）专业技术资格的积 2 分
	3. 技能等级	（1）取得初级工资格的积 0.4 分。 （2）取得中级工资格的积 0.6 分。 （3）取得高级工资格的积 0.8 分。 （4）取得技师资格的积 1 分。 （5）取得高级技师资格的积 1.5 分
	4. 执业资格	经国网河北电科院党委组织部（人力资源部）审批后，考取各类注册师证书，证书由本单位统一管理的，积 1 分
培养考核积分	1. 新员工转正定级考核	根据新员工转正定级考核结果，其中取得优秀的积 2 分、良好的积 1.5 分、合格的积 1 分、不合格的积 0 分
	2. 师徒培养考核	根据师徒培养考核结果，其中优秀的积 2 分、良好的积 1.5 分、合格的积 1 分、不合格的积 0 分
	3. 培养锻炼	对经组织安排到异地参加人才帮扶、劳务协作、挂职锻炼、人员借用的青年员工，连续工作满一年，表现优秀的结束后分别积 1.3、1.2、1.1、0.7 分，期限超出 1 年或不足 1 年的，按照实际月份折算积分
	4. 年度绩效等级	按照年度绩效等级进行积分，A 级积 2 分、B 级积 1.5 分、C 级积 1 分、D 级积 0 分
创新积分	1. 成果获奖	（1）科技成果、管理创新成果、QC 小组活动成果，按照国家级、省部级或国家电网有限公司级，省公司级等相应奖项，积 1～10 分。 （2）职工技术创新、青创赛获奖、典型经验入库，按照省部级或国家电网有限公司级，省公司级等相应奖项，积 1～5 分。 （3）智库课题研究、合理化建议等相应完成人，积 1～5 分
	2. 技术标准	国网河北省电力有限公司、国网河北电科院主持编制的国家级、行业级、国家电网有限公司技术标准等积 1～10 分
	3. 论文专著	作为第一作者和通信作者发表论文，被 SCI、EI 期刊收录，被中文核心、其他国家批准出版的科技期刊收录，正式出版学术、技术专著或译著等积 0.5～4 分
	4. 授权专利	获得发明专利授权，申请并被受理的，积 0.3～2 分

续表

积分维度	积分指标	积分依据
荣誉积分	1. 竞赛调考获奖	（1）参加国家电网有限公司及以上级别竞赛、调考获得个人前十五名或团体前六名的，积 0.5～5 分。 （2）参加国网河北省电力有限公司竞赛、调考获得个人前六名的积 0.5～3 分
	2. 个人荣誉	（1）获得国家级、省部级或国家电网有限公司级、省公司级"劳动模范""五一奖章""先进工作者""优秀共产党员""技术能手""青年五四奖章""青年岗位能手""先进个人""标兵"等荣誉的，积 0.5～10 分。 （2）获得国网河北电科院"劳动模范""十大标兵"，积 1 分/项；获得国网河北电科院"先进工作者""优秀共产党员""青年岗位能手"，积 0.5 分/项
	3. 优秀人才	被评为国家电网有限公司领军人才，省公司级专家人才，院级专家人才，积 0.5～5 分
	4. 突出贡献嘉奖	对国网河北电科院发展做出突出贡献，经主管院领导提名，可通过书面材料申请加分，由所在部门负责人签字，经积分评价工作办公室审查后报领导小组审批，根据贡献情况，积 1～3 分
日常工作考评积分	1. 部门考核评价	针对青年员工从事生产试验、基建调试等日常工作表现，青年员工所在部门负责人每年对其进行一次考核评价，分为 A、B、C、D、E 段位，分别对应 5、4、3、2、1 分，人数在 5 人及以下的，人均分值原则上不得高于 4 分且段位不得重复；人数大于 5 人的，A 段位原则上不多于 20%，B 段位原则上不多于 20%，人数比例的小数点大于 0.5，按 1 人核算。未按要求打分的，评价期全部员工按照 E 段执行。青年员工日常工作部门考评表见表 5-2
	2. 生产现场工作	青年员工从事现场生产试验、基建调试工作，积 0.02 分/天；排名第一编写具有国网河北电科院正式报告编号的技术报告/试验报告（6 页及以上）、检测报告（4 页及以上），积 0.1 分/篇（报告积分每年不超过 2 分）
负向减分项目		（1）工作期间发生违反《国家电网有限公司员工奖惩规定》的行为，受到纪律处分的，按照警告、记过、记大过、降级、留用察看分别扣 5、10、15、20、25 分。 （2）国网河北电科院组织的纳入青年员工培养的各类考试，考试不合格者扣 2 分/次，补考仍不合格的扣 5 分/次，考试作弊的扣 10 分/次

表 5-2　　　　　　　　　　　青年员工日常工作部门考评表

姓名：	部门：	岗位：	日期：

说明：

1. 本表适用于各部门对 35 岁及以下青年员工的考评打分。

2. 本评价结果应用于青年员工成长积分评价。

评价维度	序号	评价指标	指标描述	基础分
工作态度	1	积极性	（1）能够按时出勤； （2）以高度的热忱认真努力工作； （3）主动完成各项工作	5
	2	团队协作	发扬团队精神，协助上级，配合同事	5
	3	责任感	（1）具有高度的企业责任感； （2）自觉尽职尽责工作； （3）对自己的工作或行为自始至终表现出负责的态度	5
	4	执行能力	（1）正确领会工作意图； （2）主动并有效执行工作任务； （3）取得预期结果	5
工作能力	5	工作效率	及时、准确地完成工作	10
	6	岗位胜任能力	（1）熟练掌握本专业必备的业务知识和技能； （2）具备独立完成专业工作的能力	10
	7	专业技能及经验	（1）具备处理工作中疑难、棘手问题的能力； （2）了解并掌握相关专业知识和技能	10
	8	学习能力	（1）能主动发现并通过学习改进工作中的不足； （2）能自发学习新知识、新业务从而提升工作能力； （3）能将学习所得熟练应用于岗位工作	5
	9	创新能力	（1）具有创新意识； （2）善于发现工作中出现的新问题； （3）能够改进或创新工作方法、技术手段，解决本专业技术或管理工作难题	10
	10	沟通协调能力	掌握一定沟通技巧，能与上下级、同级以及外界进行有效的沟通协调，促进工作落实	10

续表

评价维度	序号	评价指标	指标描述	基础分
工作贡献	11	任务担当	（1）在工作中承担较多的任务量； （2）在工作中担任更重要的角色	15
	12	创新贡献	通过创新方法及思路，有力支撑部门工作开展	10

被评价人等级分类说明：	被评价人评价等级：
A 级（95 分以上）——表现突出，非常优秀，专业水平强，工作有创新。 B 级（86～95 分）——表现优秀，上进心强，专业水平较高，能够出色完成各项工作。 C 级（76～85 分）——表现良好，有一定责任心，能够保质保量完成本职工作。 D 级（71～75 分）——表现一般，能够按部就班开展工作。 E 级（70 分及以下）——虽符合任职要求，但仍需努力	□A □B □C □D □E

部门领导签字（盖章）：

3. 青年人才成长积分对标分析

强化积分分析，开展多维度对标。结合青年员工成长积分评价标准，开展青年员工积分的常态化分析。一是青年员工的个人资质、培养考核、部门考核和个人荣誉积分相对集中，科技创新和生产现场积分是拉开积分差距的主要因素。二是在单项积分评价中，科技创新积分、生产现场积分与工作年限存在正相关关系。以各部门间横向比较，专业部门间青年员工成长趋势有较大区别。三是青年员工成长积分离散程度分析，其中科研型人才占比 39%，生产型人才占比 29%。科研创新积分占比较大的定义为科研型人才，生产现场积分占比较大的定义为生产型人才，典型图示见图 5-2。

4. 青年人才成长积分的应用

一是建立青年人才"一人一策"跟踪培养机制，制定国网河北电科院《青年员工成长积分评价工作规范》，通过量化积分，对人才成长过程中的资质资格、培训培养、工作绩效、创新贡献、荣誉奖励等方面业绩成果进行记录和评价。

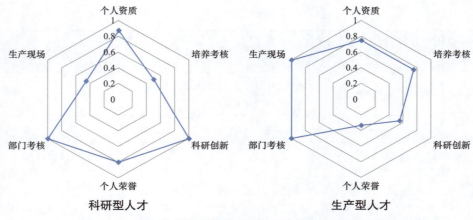

图5-2 国网河北电科院科研型人才、生产型人才典型图示

二是加强评价结果应用，积分优秀的青年员工优先考虑人才评价、岗位晋级、评优评先，个人绩效与部门内部薪酬二次分配、年度绩效等级评定紧密挂钩。优先推荐积分较高的青年人才到上级单位挂岗锻炼，参加各类专家人才选拔、岗位能手等先进称号评选，参加专业柔性团队、重大课题攻关，享受岗位晋升、岗级浮动、专业提升性培训等待遇，最大程度发挥积分的正向激励效用。

三是定期开展总结活动，对积分突出青年骨干的先进事迹、重大成果、重要贡献进行宣传激励，创建青年员工风采展示长廊，依托楼宇电子屏、楼道展示牌等，以青年员工成长积分排名靠前的员工为对象，全面展示其成长过程、工作业绩、创新成果、所获奖励，大力营造"比、学、赶、帮、超"的氛围。

自2018年"青年员工成长积分"实施以来，共有7名表现优异青年员工经组织推荐到上级单位挂岗锻炼，12人实现了岗位晋升，积分前列中还涌现出国家电网有限公司和国网河北省电力有限公司优秀专家人才20余人。

（二）创新工作评价积分

1. 创新工作积分介绍

为落实国家电网有限公司科技发展战略，实施创新驱动发展，全面调动广大员工创新积极性，提高自主创新能力和水平，促进创新成果的转化应用，建设大众创业、万众创新的良好格局，构建以科技创新为核心的全面创新体系，结合实际由国网河北电科院科技部组织完成《国网河北电科院创新工作积分考核细则》修订工作。创新工作包括科技创新、管理创新、职工创新、能力验证等工作，对创新工作实施积分考核管理。

创新工作管理由科技部牵头管理。科技部负责科技立项、科技成果、发明专利、技术标准、论文论著、实验室等科技创新归口管理。电网技术中心配合进行论文论著统计与审核。办公室负责管理创新成果、QC 小组活动成果、典型经验等管理创新归口管理。党委党建部负责职工技术创新成果、青创赛等职工创新归口管理。安全监察质量部负责能力验证归口管理。

2. 创新工作积分指标框架

创新工作积分指标框架见表 5-3。

表 5-3　　　　　　　　创新工作积分指标框架

序号	创新领域		指标内容
1	科技创新	科技立项	国家级、省部级和国家电网有限公司级、省公司级的科技项目。项目数量以正式文件或合同、协议为准
2		科技成果	国家级、省部级和国家电网有限公司级、省公司级的科学技术奖、专利奖等。省部级奖励包含省级政府奖励和中国电力行业奖励
3		发明专利	须为职务专利发明，国网河北电科院或国网河北能源公司为专利权人，国网河北电科院在册员工为第一发明人，无专利权属纠纷
4		技术标准	国网河北电科院作为牵头或参与单位，起草并正式颁发的国家级、行业级和国家电网有限公司级技术标准
5		论文论著	第一作者为国网河北电科院在册员工，在中文技术期刊、国外技术杂志等发表的技术类论文和出版的论著
6		实验室	国家级、省部级实验室、技术创新中心以及国家电网有限公司级、省公司级实验室（含联合实验室）、科技攻关团队等
7	管理创新	管理创新成果	全国企业管理现代化创新成果审定委员会组织评定的企业管理创新成果（国家级）；国家电网有限公司组织评定的管理创新示范项目和推广项目（国家电网有限公司级）；全国电力行业企业管理现代化创新成果审定委员会组织评定的管理创新成果（行业级）；河北省企业管理现代化创新成果审定委员会组织评定的管理创新成果（省部级）；国网河北省电力有限公司"管理创新成果审定委员会"组织评定的管理创新成果（省公司级）

续表

序号	创新领域		指标内容
8	管理创新	QC 小组活动成果	"中国质量协会、中华全国总工会、中华全国妇女联合会、中国科学技术协会"联合表彰的全国优秀质量管理成果（国家级）；"中国水利电力质量管理协会"表彰的全国电力行业优秀质量管理成果（行业级）；国家电网有限公司企业管理协会表彰的优秀质量管理成果（国家电网有限公司级）；国网河北省电力有限公司企协分会表彰的优秀质量管理成果（省公司级）
9		典型经验	国网河北电科院统一组织申报且在国家电网有限公司、国网河北省电力有限公司等上级单位入库的典型经验
10	职工创新	职工技术创新成果	中国能源化学工会全国委员会、中国电力企业联合会评定的职工技术成果（省部级）；国家电网有限公司评定的职工技术创新优秀成果（国家电网有限公司级）；国网河北省电力有限公司评定的职工技术创新成果（省公司级）。青创赛，包括国网河北电科院组织参加的省公司级及以上青年创新创意大赛
11		能力验证	国家电网有限公司级能力验证、比对以及中国国家合格评定认可委员会组织的国际、国内能力验证

3. 创新工作积分应用

（1）建立创新积分目标管理与展示通报机制。每年根据各部门人数、职称、创新工作等情况，分解下达创新工作各项目指标与总体积分目标。每月10 日前，通过作风建设看板等形式对部门创新积分进度进行公示，并定期在院月度工作会议上进行通报。每年 12 月，由业绩考核委员会对创新积分完成情况进行专项考核，积分高于年度目标值的，按完成率排名进行奖励，低于目标值的，对部门负责人进行绩效考核。以 2019 年为例，共完成创新积分548.5 分，年度指标完成率 144.3%。

（2）完善创新积分评价结果考核应用机制。开展对科技立项、管理创新、职工创新、专利论文等工作的科技创新积分考核评价，将积分评价结果纳入部门年度业绩考核体系，并实施积分"双挂"（挂墙、挂网）展示，推动比学赶超的创新工作氛围，引导员工竞相成长成才，充分调动职工的创新积极性，提高自主创新的能力和水平，促进创新成果的转化应用。截至2023 年 5 月，创新积分项目已达 13 项，分值颗粒度细化至 0.1 分，真正实现了整体创新工作的全面、精准、科学评价管理。

4. 创新工作积分管理

（1）持续优化积分细则。根据创新工作开展情况及需求，组织各归口管理部门进一步完善积分项目，如实验室评估、创新工作室、科技项目验收高分项目、双创中心相关工作等。依据创新工作实际，适当调整、完善重点或薄弱创新项目积分标准，如 SCI 分区积分、智库课题等。统筹考虑各部门职工数量及人员构成情况，结合各部门人均创新积分，突出博士、专家人才、青年员工等创新骨干，科学测算部门积分能力，合理设置年度目标值。

（2）倾斜空白积分领域。针对能源互联网立项、智库课题、QC 小组活动成果、合理化建议等半数以上部门未有积分产生的领域，从"顶层设计"层面加强相关工作力度，参考历史数据及特色优势，结合申报数量等指标设置，布局创新工作，以达到"突出重点、统筹兼顾"的效果；专业部门找准积分薄弱点，明确相关积分项目的得分周期和规律，深入剖析分析，提前谋划布局，扬长补短，填补积分空白项。

（3）营造浓厚创新氛围。结合科技创新年度重点工作，积极组织全院各中心（所）参与相关科技立项、成果培育、实验平台建设等工作，促进全专业创新积分"百家争鸣"，同时以积分"双上"要求为抓手，通过各部门内部"上网上墙"以及院网站主页展示等形式，结合科技创新专项奖，在"精神"与"物质"双层面激发全员创新工作热情，营造良好浓厚的创新工作氛围。

四、科技创新型人才培养赋能机制

（一）打造"党建＋"创新赋能生态

人才激励培养不能脱离创新环境而独立存在。国网河北电科院通过深入开展科研攻关行动，发挥国企科技创新"举国体制"效能，以"党建＋"优势平台贯通各大创新资源，对内完善科技创新体系，对外推动资源开放共享，逐步构建一个生命力旺盛、根植力强大的科技创新生态系统，打造国网河北电科院人才创业创新的全周期服务链。

打造特色党建平台，聚拢人才、聚集人气、聚合资源，使党建引领作用、支部战斗堡垒作用和党员先锋模范作用在创新领域充分发挥，将党的政治优势转化为企业创新优势，推动建成一流科技创新型企业的目标全面实现。具体实践中，着力在加什么、怎么加上进行深入探索。

1. "加方法"，强化理论武装

定期组织开展学术带头人讲党课、支部书记讲专业的"交叉授课"活动，着力打造"三懂三过硬"的专家人才队伍。每年通过微论坛的形式，聚集以党员为主体的技术骨干，聚焦新型能源体系、新型电力系统、数字化转型等前沿技术分享成果，并为国网河北电科院科研环境、攻关方向、科技管理建言献策。每周组织"电科大讲堂"活动，邀请各专学术业带头人，在周工作例会、月度工作例会上讲党的基本理论、讲前沿科技成果、讲先进管理理念，在知行合一、学以致用上下功夫，真正用党的创新理论武装头脑、指导实践、推动工作。

2. "加实效"，坚持问题导向

深化科技领域"放管服"改革，力戒"科研四风"。发布国网河北电科院《深入推进科技创新的工作意见》，对年度重点科研任务实施清单化管理。印发《科技项目全过程管理实施细则》，从项目立项、招标、启动、实施、验收、结项等环节，全面落实精益管理要求，提升了对项目关键节点的管控力度。强化服务意识，结合重点项目、实验室和攻关团队加强奖励申报策划、材料编制、答辩演练等全流程指导和服务。

3. "加把劲"，突出示范引领

制定国网河北电科院《科技研发党员示范岗、责任区建设运行方案》，在重大项目攻坚、重点实验室运行中创"岗"建"区"，激励干部职工立足本职、发挥先锋模范作用。在重点领域建立创新工作室，发挥高层次专家人才的示范、引领和辐射作用，传播科研技艺和科学家精神。截至目前，国网河北电科院在运行的党员示范岗、责任区以及创新工作室30余个，极大丰富完善了国网河北电科院科技管理体系，特别是围绕雄安新区电网建设、电力安全可靠供应等公司重点项目建立柔性攻关团队和党员突击队，进一步强化科技骨干的担当精神，夯实核心创新工作的群众基础。

（二）建立"分阶"人才工程计划

聚焦电网攻坚领域、生产服务一线，以畅通道、优结构、提质量、强激励为重点，实施青年英才托举、高端人才引领计划、专家人才梯队建设，为关键人才搭台铺路。

1. 实施"青年英才"托举计划

（1）助力科技"青苗"五年成才。 聚焦五年黄金时期，制定"一年入职、二年上岗、三年成熟、四年成才、五年拔尖"的培养目标，在员工入职的 5 年培养期内，初期重点锤炼岗位技能，中期广泛提升专业素养和创新能力，后期通过承担重点科研任务、担任各级实验室和攻关团队技术骨干等方式，为国网河北电科院乃至国网河北省电力有限公司选拔培养拔尖人才后备，如图 5-3 所示。

★ **核心思想**
紧抓员工职业生涯"第一个五年"的黄金期，针对性开展职业引导和规划，制定高端人才培养续接计划，更加精准推动员工成长成才

◆ **五年拔尖**
通过"青年英才"计划选育拔尖人才，突出价值传承，提升引领能力，以"三个走在先"为标准，着力培养战略型、领军型人才

◆ **四年成才**
加大青年员工托举力度，在重点科研项目、重点调试和试验项目、重点实验室建设运行中吸纳青年技术骨干

◆ **三年成熟**
以"学考结合、以考促学"的思路促进员工技能提升，增强培训培养效果

◆ **一年入职，两年上岗**
开展"技能达标"培养与评测工作，确保青年员工必备能力项100%达到熟练标准。实施专项培养工程，重点锤炼岗位技能

图 5-3　国网河北电科院"青年英才"托举计划

一是技能达标测评，保障"一年入职、两年上岗"。为帮助青年员工快速适应岗位，熟练掌握岗位技能，每年对新入职员工开展"技能达标"培训

与评测工作。依据各专业岗位职能，梳理岗位必备能力项，建立测评达标标准，分专业滚动实施测评工作，确保青年员工必备能力项 100%达到熟练岗位标准。

二是以考促学，促进"三年成熟"。以"学考结合、以考促学"的思路促进青年员工技能提升，引入"竞争、选拔、考核、激励"等多种因素，鼓励青年员工积极参与竞赛调考，不断激发学习动力，增强专题培训培养效果，达到青年员工"三年成熟"的目标。

三是创新能力培养，助力"四年成才"。加大青年人才托举力度，激励日常业务中的科技创新和群众性创新。在重点科研项目、重点调试和生产试验中吸纳不少于 50%的 35 岁以下青年人才，国网河北省电力有限公司、国网河北电科院重点实验室及河北省工程技术研究中心 35 岁以下青年骨干数量不少于 30%，最大限度助力科技"青苗"迅速成才。

四是选育冀电"青年英才"，实现"五年拔尖"。突出价值传承，提升引领能力。通过选育拔尖人才，造就一批具备带领省公司级团队能力，在专业上具有成熟系统的科学思维，初步具备冲击国家电网有限公司专家人才或省部级专家资格的青年英才，塑造河北电力科技创新型人才培养的优势品牌。

（2）创建青年人才风采展示长廊。以优秀青年员工为展示对象，以成长过程、工作业绩、创新成果、所获奖励等为展示内容，创建青年人才风采展示长廊，大力宣传青年员工中的优秀才俊，努力营造"比、学、赶、帮、超"的氛围，增强青年员工的成才荣誉感，激发青年员工的自我增强意识。借此号召青年员工勤奋工作、锐意进取、勇于创新，崇尚先进、学习先进、争当先进。

（3）打造"泉涌"青年创客联盟。引导国网河北电科院青年践行"敢为人先、实干在先、创新争先"工作理念，围绕国网河北省电力有限公司"三基地一纽带"的发展思路，调动广大青年参与创新工作的积极性、主动性和创造性，切实推进青年管理创新、科技创新、职工创新成果的实践转化，开展青年创客联盟建设。青年创客联盟建设方案见附录 A。

（4）举办青年员工成长创新论坛。总结交流青年员工培养工作，提升企业人才培养能力。开展部门内部培训工作交流与青年员工评优活动，认真总结岗位教育、内部培训等工作，分析师徒结对培养的开展情况及成效，交流经验、弥补不足，提升部门青年员工培养工作水平。同时，根据每位青年员工的工作业绩、创新成果、所获奖励等，搭建平台，给青年员工充分展示才华的机会，交流优秀青年员工成长经验，通过总结、答辩、打分等环节，评选部门优秀青年员工，激励青年员工快速成长。

在开展部门总结交流活动的基础上，依托"泉涌创客联盟""集智公关团队"等，举办全院范围的青年员工成才与创新工作论坛，开展"世界咖啡桌"活动，为青年员工搭建更加广阔的交流平台。畅谈优秀青年员工的成长经历，共同研讨青年员工沟通能力、工作能力、创新能力的培养途径，共同分享优秀青年员工从事生产试验、基建调试、科技创新等工作的心得体会，帮助青年员工解决成长过程中的问题，广泛征集青年员工对企业发展、人才培养、科技创新等工作的意见与建议。

2. 实施"高端人才"引领计划

对人才培养体系中脱颖而出的"领头雁"型科技人才，实施高端定向培养，在科技项目、攻关团队建设、实验室建设、成果报奖、内外部资源协同等方面给予支持政策，培育重大标志性科研成果，并充分发挥其在科技创新、成果创效、价值提升等方面的引领作用。

一是支持建立并完善科技攻关团队。支持培养对象在所在专业围绕公司重点关注技术领域，组建科技攻关团队，并在成员选择、设备配置、经费使用等方面给予一定自主权和稳定支持。对于已组建团队的，通过资金、项目、人才支持等方式持续提升攻关能力，并保持队伍相对稳定。

二是加强科技项目与科研经费支持。鼓励和支持培养对象根据研究方向和发展目标提出科技项目建议，设立"高端科技人才培育专项"项目，纳入院科技计划管理。支持相关培养对象利用国家及地方政府给予的支持政策，持续开展重点领域科技创新工作。

三是支持承担国家级重大科研项目。支持培养对象作为首席专家、项目负责人或子课题负责人，承担国家级重大科研项目或课题。优先推荐相关培养对象在培育期内牵头承担国家电网有限公司和国网河北省电力有限公司重大科技示范工程。对于成功获批的国家级重大科研项目，促请国网河北省电力有限公司给予配套项目支持。

四是支持申报重大科技奖励。优先支持培养对象牵头申报国家科学技术奖、中国专利奖、省部级科技奖等高等级科技奖励，优先支持参与国家电网科技人物奖等重要科技类个人奖项的评选。在各级奖励申报评选工作中，组织相关专家进行专门指导，提高申报工作质量。

五是支持对外交流与研修深造。优先推荐培养对象在学术组织、国内外学术团体中任职。鼓励并支持培养对象到境内外著名研究机构、高等院校、企事业单位研修深造，积极促进对外科研合作，参加学术技术交流，提高行业知名度和专家学术影响力。

3. 开展自主创新能力为导向的专家梯队建设

围绕建设"一流现代化能源强企"奋斗目标，按照建成"一流科技创新型企业"的发展方向，以科学量化的人才标准，逐步完善了专业技术岗位序列，构建了科学合理的专家梯队（见图5-4），并对专家人才实施动态管理，为企业持续发展提供了不竭动力。

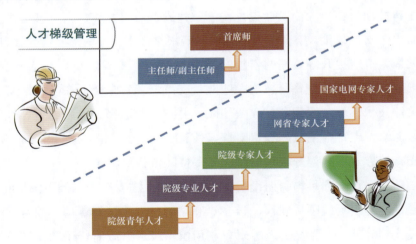

图5-4 专家梯队建设

（1）深化职员制度，构建"双轨制"人才培养机制。为进一步完善技术人才的职业发展渠道，充分发挥优秀技术人才的引领作用，国网河北电科院在"高级技术岗"待遇基础上，经充分调研和反复论证，创造性地建立优秀博士研究生执行五级职员同等待遇制度，建立了以高素质人才为引领的岗位薪酬制度，进一步完善管理和技术专家"双轨制"人才培养机制。

为做好优秀博士研究生的人才管理工作，国网河北电科院制定印发《关于选拔业绩优秀博士研究生执行"五级职员待遇"的通知》，详细规定了优秀博士研究生的选聘原则与范围、选聘条件、选拔聘用程序、待遇、管理及考核等相关内容，并于2023年4月完成首届优秀博士研究生选聘工作，充分激发了高素质人才创新活力。

（2）建立专家人才梯队，构建科学的人才选拔制度体系。着力通过完善人才管理制度，不断创新和深化人才工作机制。依托《国家电网有限公司专家人才管理办法》《国网河北省电力有限公司优秀人才评选管理办法》《国网河北省电力有限公司专业人才评选管理办法》等，结合实际情况制定了《国网河北电科院专业人才推荐、评选和管理办法》《国网河北电科院专业人才推荐、评选和管理办法》《国网河北电科院青年优秀人才评选与管理办法》等，构建了以院级青年人才（青年先锋）、院级专业人才、院级专家人才、网省专家人才（青年先锋、电力工匠）、国家电网有限公司专家人才等为支撑、结构合理、梯次递进的人才选拔制度体系。专家人才现状如图5-5所示。

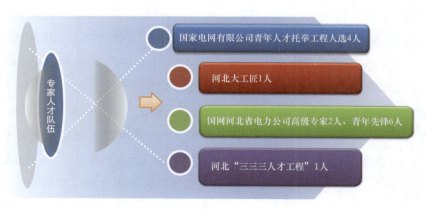

图5-5　专家人才现状

（3）实施精益化管理，充分发挥专家人才技术引领作用。专家人才选聘坚持"公开、公平、竞争、择优"的原则，以品德、业绩、能力、学识和贡献为主要衡量标准。择优选聘和竞争机制相结合，有效激励和严格管理相结合，建立"择优选聘、严格管理、动态考核、正常退出"的管理机制。

在人才使用方面，一是发挥各类人才在相关领域的专业引领作用，优先安排承担重点科技攻关项目和重大课题研究，为各类人才创造施展才华的平台，充分发挥各类人才解决技术难题、开展科技创新的能力；二是优先推荐各类人才参加专业研修和学术交流活动，为各类人才提供高水平的培训机会，帮助各类人才不断提高专业能力；三是落实内培制度，在专业范围内积极开展技术授课、带徒培养等工作，充分发挥传、帮、带作用，全力推动本专业人才队伍建设。

在人才激励方面，一是积极落实人才相关待遇，强化各类专家人才激励保障措施落地执行，并根据有关考核结果及时兑现业绩成果奖励；二是严格实行动态考核管理，将考核结果作为评先评优、考核奖励等的重要依据；三是大力宣传优秀人才的工作业绩和突出贡献，通过高端媒体平台、企业门户网站、宣传展板等载体刊登宣传材料，提高人才的知名度及荣誉度，营造"学先进、赶先进"的良好氛围。

（三）创新"双师"培养赋能模式

实施职业生涯导师与专业导师"双导师"制师带徒模式，与入职 5 年内的青年员工签订师徒协议，编制师徒培养计划，充分发挥专家骨干的"传、帮、带"作用，让青年员工从政治思想、岗位技能、创新能力等方面迅速提升。

1. 创新"双师"带练辅导机制

结合青年员工培养规划，实施带练辅导"五个一"工程，即明确一个带练定位，聚焦一个成长目标，开展一次面谈，组织一次培训，编订一本手册，促进青年员工入职 5 年内的全周期生涯辅导。**一是明确生涯导师带思想、带作风，专业导师带能力、带技术的定位**，围绕"立德树人"的新时代人才培养根本任务，遴选"党性纯、作风正、人品好"的老师傅担任其"职业导师"。深入了解青年员工思想动态，注重思想上的指引，引导员工找准自身定位，合理确定中长期职业发展规划，强化对青年员工的人文关怀。并为每位青年员工配备一名专业水平高、科研能力强的"专业导师"，指导青年员工结合实际制订学习计划，提高专业技术水平。**二是聚焦青年员工科技创新型专家人才目标**，定位技术成长成才，立足于专业技术岗位，按照国家电网有限公司四级四类人才的技术发展通道，明确以岗位工作为基础，以专家人才为方向，设计青年员工在专业知识学习、工作实践业绩、创新研究能力等方面的思路和目标。**三是组织"双师"面谈辅导**，围绕青年员工职业成长、职业目标、专业技能提升、科研创新历练等开展一对一的面谈交流，为青年员工的成长计划进行具体指导和资源建议。**四是组织一次生涯培训**，引导青年员工了解生涯不同阶段，学习目标管理与个人成长规划，提升青年员工职业生涯规划意识，帮助青年员工进入工作状态，确立工作和生活目标，并逐步实现人生价值。**五是编修一本生涯发展手册**，围绕五年成长阶段的培养目标，在学习设计、实习规划、师徒培养、项目历练等方面进行细化，手册内容涵盖集中培训、个性辅导、导师带练、现场实践历练、科研创新等策略的具体步骤和相关表单等，配套支撑青年员工的带练培养与自我管理。

2. 实施师带徒培养考核机制

每年召开师带徒年度培养考核鉴定会，围绕青年员工在师徒培养考核期内的专业水平、实践经验、科技创新等成果进行评价，对"优秀结对师徒"给予奖励，并将师带徒培养活动成效纳入部门业绩考核。

（四）创设"两讲"促学交流机制

1. 建全员培训师机制，传道解惑教学相长

全员培训师活动是充分调研青年人才成长诉求，科学制定一项具有国网河北电科院特色授课内容的长期培训活动，面向全体员工进行岗位技能、前沿技术、成果展示等交流培训，为大力营造国网河北电科院"人人为师，知识共创"的人才学习发展环境起到了重要推动作用。

（1）以全员齐行动打造学习微循环。组织各中心结合生产经营特点，以"提升支撑能力，推动科技创新"为主线，制订培训管理规范和年度"全员培训师"行动计划，形成"齐抓共管、全员参与"的长效机制，明确培训计划、培训通知、培训归档、培训宣传、培训考核等工作细则，实施制度化，规范化管理。从实际工作和岗位需求出发，不拘泥于课件，将课堂设在实验室，设在仪器和平台前，将主题条分缕析，讲解透彻到位。

国网河北电科院结合企业发展需要，全面提升专业人员的业务素质，坚持实施员工多通道发展，提倡员工多岗位实践，开展技术人员能力提高"五

个一"活动，即每个专业部门要至少开展以下培训活动：一次技术研讨、一次专家讲座、一次外出学习、一次专业调研、一次交流培养。通过上述活动，加强交流合作机制建设，充分利用外部资源，实现内部信息共享，紧密结合本专业重点创新项目与关键技术问题，经过有效的培训方式、方法，以及培训平台建设，努力培养各专业领域内的拔尖人才与技术骨干，促进员工个体"隐性知识"向组织"显性知识"的转化。同时，以组织的"显性知识"反馈促进员工个体"隐性知识"的进一步提高。对一些知识技术骨干型人才，尊重其个性发展与组织发展相协调，鼓励和提倡他们向交叉专业、边缘性专业，甚至跨专业岗位实践发展，从而促进其创新性进一步发展。

（2）以点滴小成长驱动创新大成就。通过开展全员培训师活动，建立"人人为师，知识共创"的人才学习发展环境，用知识上"小成长"的即时激励来驱动创新人才的"持续成长"，不断激发员工成长成才的"自驱力"，逐步形成企业科技人才队伍"青蓝相继、人才辈出"的良好生态。

在选题上紧跟公司最新政策及技术发展方向，每年年初按照"专业推荐＋个人自选"一人三题确定授课内容，促进了员工之间创新思维的汇聚与碰撞，激发了员工对于更多知识的兴趣与渴望。自2017年开始，国网河北电科院组织开展全员培训师活动，各部门每周组织员工面向部门内部开展授课，六年多以来累计培训4万余人次。

2023年，为加强"一人三题"全员培训师活动实施质效，按照《国网河北电科院2023年全员培训师活动方案》要求，国网河北电科院人力资源部通过收集检查培训课件、照片影像、培训记录或列席授课现场等形式，组织开展"一人三题"全员培训师授课活动评优活动，遴选优秀课程及课件，详见表5-4。

表5-4　　　　　2023年度国网河北电科院"一人三题"
全员培训时活动精品课程

序号	部门	姓名	题目
1	设备中心	郑×	避雷器阻性电流测试新技术
2	设备中心	孙×	有载分接开关动作原理
3	设备中心	相×	变压器站端智能监测技术

续表

序号	部门	姓名	题目
4	设备中心	田×	柔性交流输电关键技术
5	设备中心	刘×	变压器有载分接开关状态监测故障诊断技术与应用
6	电网中心	刘×	数字孪生技术在二次设备智慧运维中的应用
7	电网中心	苏×	电网谐波电压精准测量新方法
8	电网中心	程×	电力系统稳定器现场整定试验的方法与内容
9	电网中心	李×	基于半实物仿真的并网逆变器参数辨识与建模方法
10	数字化中心	赵×	《数据安全法》解读
11	数字化中心	陈×	ChatGPT——人工智能大模型技术概述和应用展望
12	数字化中心	史×	社会工程学防护手段
13	能动所	王×	三改联动如何动起来
14	能动所	马×	一种解决火电机组空气预热器积灰的新技术
15	环化所	陈×	电网建设项目环保水保监管政策及全过程管控
16	环化所	陈×	烟气脱硝调试与性能试验危险点及预防措施
17	能控所	郝×	网源数据分析中心建设探索与实践
18	能控所	李×	新能源场站一次调频性能信息感知方法
19	能控所	马×	以电为平台的综合能源产业发展思考
20	材料所	李×	安全生产十五条解读
21	材料所	张×	激光表面改性技术的分类及应用
22	人资部	冯×	教育培训管理要求解读
23	科技部	王×	河北省省级科技计划项目相关管理要求与要点
24	党建部	齐×	新闻采访与写作
25	纪委办	刘×	科研项目审计风险与防控

（3）以年终竞赛比拼激发讲师勤行动。每年年底各部门推荐优秀培训师参加国网河北电科院全员培训师授课竞赛及优秀课件评选活动，已成功举办五届，累计 71 余人次参与该项活动，对获奖人员进行专项表彰奖励，全面展现员工能力，提高专业实力，增强企业活力。

2. 建电科大讲堂平台，力促专业交流共享

电科大讲堂为各级专家人才、业务骨干搭建了面对面、更高层级交流与展示的平台，同时促进了全体员工对前沿技术的理解与掌握。2020 年 5 月起，国网河北电科院开展电科大讲堂活动，截至 2023 年 5 月共开展授课 100 余期。

（1）以讲带训，促进高层次交流与展示。 电科大讲堂由各级专家人才、业务骨干融合前沿科学技术与部门专业特色，在周例会、月度例会结束后面向全体院领导、中层干部开展培训活动，内容涵盖新型电力系统、"30·60""双碳"目标、能源互联网、大数据技术、人工智能等前沿领域。

（2）以谈促议，推动前沿创新与实践。 "电科大讲堂"活动，邀请各学术专业带头人，聚焦新型能源体系、新型电力系统、数字化转型等前沿技术分享成果，并为国网河北电科院科研环境、攻关方向、科技管理建言献策，在知行合一、学以致用上下功夫。针对电网新技术、能源应用新趋势，邀请清华大学、华北电力大学、西安交通大学，华为、阿里巴巴、腾讯、百度等高科技企业专家，国网能源研究院有限公司、全球能源互联网研究院等国家电网系统内专家，就行业前沿性技术、新应用等进行技术交流与实践分享，为优秀人才的创新创意提供方向与理论指导。

（五）探索"专项"创新能力培养

1. 重视定向式专题培养

围绕战略落地与行业发展的新技术新应用，针对性选拔优秀人才开展专题培训班，提升项目管理能力、科研策划能力、解决问题能力及成果转化能力。

一是做好高端人才培训规划。根据公司发展战略，为博士研究生等高端人才制定"专业化、个性化、阶梯式"的人才成长目标，结合科研项目研究方向与自身实际制定"一人一策"的博士培养方案，将博士研究生的专项培养作为技术型专家培养工程的有力支撑。

二是开展高端人才精准培训。面向博士研究生等高端人才，根据其所学专业及发展方向，安排企业内部有丰富科研经验的优秀专业技术人员担任其指导教师，负责对其思想政治、专业技术进行指导帮助，促进人才快速成长。提供重点培养对象到上级单位交流学习的机会，助力其开阔眼界、积累经验。

三是加强高端人才培养跟踪。对博士研究生等高端人才，结合人才培养目标，根据工作表现、创新成果及思想情况等建立"一人一策"培养跟踪考评记录，实现成长的纵向对比，根据考评结果及时调整人才培养方案，切实提升培养质效。

2. 开展项目型专业历练

结合"揭榜挂帅"项目，建立帮教指导制度，选调优秀人才担任攻关"主帅"，进行项目化创新实践，深入业务一线，把握难点重点，进行技术创新与管理创新，在实践中锻炼培养专业技术人才。

3. 突出跨单位定向选派

以深化公司级技术人员挂岗锻炼培养策略，打造面向技术优秀骨干人员的公司级统一资源平台，促进生产单位与业务支撑单位的资源互补与业务互助，拓展技术人员在系统内的动态培养渠道，使单位技术骨干人才增加多方面、多角度的锻炼。通过跨单位定向选派培养的关键目标在于整合生产单位与支撑机构间岗位优势资源，进行技术交流与技能传承导向的专家型人才培养，加速技术技能骨干人员在定向学习中，对个人专业技术水平和技能操作水平完成进阶化的提升。

（1）虚拟市场，链接互派资源。结合当前电网运营的技术要求和技能操作需要，从技术技能岗位人才专业能力提升培养角度，梳理自身的优势资源和岗位序列，完成互学互派的虚拟岗位市场目录，提供各单位选派人员进行定向岗位规划。以国网河北电科院、国网河北省电力有限公司超高压分公司（简称国网河北超高压公司）为例，说明培养锻炼双方岗位目录资源共享情况，具体见表5-5。

表5-5　　　　　　　　　双向培养岗位资源目录

单位名称	优势接收岗位	拟外派岗位
国网河北电科院	设备故障诊断分析、科技项目攻关、设备质量检测等	入职5年内的专业技术岗位人员及国家电网有限公司级、省公司级专家人才等技术骨干
国网河北超高压公司	调控运行、设备检修、信息通信建设	调控运行、设备检修等专业骨干人员

后续，逐步建立各供电公司、送变电公司、调控中心的岗位锻炼资源目录。

（**2**）**差异培养，定向提升能力。**针对青年员工及专业技术人员、技术骨干、生产单位业务骨干人员，设计差异化的能力培养目标和策略方式，以深化专家型人才提升的内容需要，详见表 5–6。

表 5–6 培养目标和培养策略

类别	入职 5 年青年员工	专业型人员	生产骨干人员
培养目标	（1）拓宽知识面，深入了解现场设备、操作方法，增强感性认识，对各专业增强了解。 （2）对未来岗位有总体的初步认知。 （3）意识到角色转型的挑战。 （4）初步掌握现场实践的必需技能	（1）帮助专业型人员拓宽思路，深入了解、理解关联业务。 （2）掌握更多的方法和技能。 （3）了解更先进的工器具、设备。 （4）掌握全面的分析方法。 （5）培养专业人员建立全局性的观念，发展全局性技能	（1）帮助生产骨干人员完成从优秀到卓越的变化。 （2）建立前瞻性、体系化思维。 （3）掌握更多的方法和技能。 （4）了解更先进的工器具、设备。 （5）掌握全面的分析方法。 （6）具备推动变革、创造性解决问题的能力
培养策略	（1）重点技能（基础性技能、态度价值观、转型技能的掌握）： 1）新岗角色转型的重要性/要求/挑战； 2）新岗掌握转型的必需技能。 3）新岗位的专业性管理知识。 （2）培养手段：师徒辅导、现场观摩案例教学、情景模拟、有效经验	（1）重点技能（业务全局性、关联性、创新性的技能掌握）： 1）战略或业务相关联的全局性知识与技能； 2）协作与对外的相关技能与知识； 3）师傅辅导与传播技能。 （2）培养手段：师徒辅导、面授、行动学习、研讨会、案例教学、有效经验	（1）重点技能（体系化、前瞻性、变革性的技能掌握）： 1）系统性建设与推进知识与技能； 2）变革推动的知识与技能； 3）前瞻性的知识与技能。 （2）培养手段：师徒辅导、面授、行动学习、研讨会、综合分析、案例教学、创新解决问题

（**3**）**多措并举，深化复合培养。**根据双方单位的技术技能人才培养需求，制定针对性培养锻炼方案，通过赴对方单位工作现场进行技术技能知识和经验的交流，增进生产技能、业务管理知识的互相了解，真正达到互学互促，实现取长补短、优势互补。

一是深化师徒带练培养。为了更好促进交流培养员工的属地化学习管理，由接收单位牵头配备带练师傅。明确师傅辅导的学习形式、内容要求、评价方式等，跨单位双向交流的师傅辅导计划，以"赴现场、学知识、练技能"为主要的学习主线，建立师徒带练互助模式。跨单位双向交流培养的师傅辅导规划见表5-7。

表5-7　　　　　　　　跨单位双向辅导规划

序号	辅导类别	接收单位	辅导内容	学习要求	评价方式
1	学知识	国网河北电科院	针对委培员工的岗位学习需要，进入相关专业室进行学习，知识培训，以自学与师傅讲授为主	对所学岗位的知识点进行梳理，协助师傅完成授课课件PPT	定期笔试考核，由接收部室负责
		国网河北超高压公司			
2	带现场	国网河北超高压公司	针对委培员工锻炼计划，安排参与项目现场，了解生产现场的安全管理、操作流程、做法要求等	针对参与历练的现场，结合师傅的经验交流，完成关键岗位技能的操作经验，并制作PPT课件，助于师傅帮教	实操演示与笔试考核，由接收部室负责
3	练技能	国网河北电科院	安排参与设备实验或检测等	由委培员工将实验项目的物资、要求、流程步骤和注意事项等编辑成课，并完成团队分享	定期组织演示授课、笔试考核，由接收部室负责
		国网河北超高压公司	参与项目现场的运维检修项目	针对参与历练的现场，结合师傅的经验交流，完成关键岗位技能的操作经验，并制作PPT课件，助于师傅帮教	定期组织演示授课、笔试考核，由接收部室负责

二是强化自学管理。为保证挂岗锻炼员工的学习成效，保证高质有效的学习委培开展，除导师辅导外，由派出单位专业部门与接受单位专业部门共同指导，员工完成挂岗锻炼委培期间的个人发展计划（individual development plan，IDP），然后针对员工有待发展提高的方向制定相应的学习计划，分为挂岗培养与自我学习两部分，要求在一定时期内完成改进和提高的发展计划。

IDP个人发展计划示例见表5-8。

表 5-8　　　　　　　　　　IDP 个人发展计划示例

序号	培养方式	发展内容	分工职责	学习评价	成效要求
1	挂岗培养	掌握设备检修工作流程	…	…	…
2		掌握局放试验步骤	…	…	…
3		掌握现场故障诊断分析方法及设备使用步骤	…	…	…
4	自我学习	变压器设备原理及发展现状	…	…	…
5		故障诊断类别及方法	…	…	…
6		电力系统知识	…	…	…

（4）考核激励，强化培养评价。

1）开展定性评价，综合评估岗位锻炼成效。锻炼期满后，通过自评总结、锻炼单位评价、派出单位考核的方式对挂岗锻炼员工进行综合评价，并完成综合评定意见，作为挂岗锻炼员工的培养总结，存入个人档案，作为后续的培养、晋升和专家人才评选推荐参考。派出单位人力资源部会同专业部门与培养锻炼单位沟通，结合培养锻炼目标与工作计划实施情况，由培养锻炼单位对员工给予书面评价。派出单位人力资源部针对员工个人培养锻炼工作总结给予定性评价。参加培养锻炼的员工要对培养锻炼工作进行总结，撰写详细的总结报告，重点介绍参加的主要现场工作及培养锻炼收获。派出单位人力资源部统一组织对各专业部门的培养锻炼工作进行考核，邀请本单位及省公司系统相关领域专家，组成考核组，对培养锻炼员工进行出题考试并答辩。

2）考核反馈，奖优罚劣引导挂岗锻炼。根据总结、考试与答辩情况，评选优秀培养锻炼员工，优先授予单位青年岗位能手称号或聘任为市公司级专家人才后备，并对所在部门的业绩考核给予一定的绩效加分。培养锻炼过程中违规违纪，或由于个人原因未完成培养锻炼计划，或经考核组认定与培养锻炼目标差距较大的，评定为考核不合格，对所在部门给予一定的绩效惩罚。

3）量化积分，引导员工岗位创新实践。挂岗锻炼期间，鼓励引导优秀技术骨干人员，立足岗位，梳理学习经验和工作流程方法，围绕岗位相关的"知识要点课程化、工作标准手册化、经验总结案例化、创新改善成果化"，进行沉淀梳理，参与或担纲开发内部专题课程课件，撰写梳理相关岗位的工作手册或文案资料，提炼所挂岗锻炼岗位的优秀经验或做法形成典型案例，围绕工作中的问题或难点进行小革新小改善，出成果见成效。

具体挂岗锻炼期间的创新实践奖励积分见表 5–9。

表 5–9　　　　　　　　挂岗锻炼期间的创新实践奖励积分

序号	积分类别	积分项目
1	课程开发	挂岗锻炼期间，独立完成相关专业课程的开发与课件制作，并完成不少于 3 次授课，计 10 分。 挂岗锻炼期间，作为主要协助人完成相关专业课程的开发与课件制作，并完成不少于 1 次授课，计 6 分。 挂岗锻炼期间，作为参与人完成相关专业课程的开发与课件制作，并完成不少于 1 次授课，计 3 分
2	手册编写	挂岗锻炼期间，独立完成相关岗位工作内容的标准规程或手册编写、修订，获得省公司级评审通过，计 20 分。获得市公司级评审通过，计 10 分。获得部室评审通过，计 5 分。 挂岗锻炼期间，作为主要协助人完成相关岗位工作内容的标准规程或手册编写、修订，获得省公司级评审通过，计 10 分。获得市公司级评审通过，计 5 分。获得部室评审通过，计 3 分。 挂岗锻炼期间，作为参与人完成相关岗位工作内容的标准规程或手册编写、修订，获得省公司级评审通过，计 8 分。获得市公司级评审通过，计 3 分。获得部室评审通过，计 2 分
3	案例总结	挂岗锻炼期间，独立完成岗位相关优秀经验或典型案例，获得省公司级典型经验，计 20 分。获得市公司级优秀奖励并推广，计 10 分。 挂岗锻炼期间，作为主要协助人完成岗位相关的优秀经验或典型案例，获得省公司级典型经验，计 15 分。获得市公司级优秀奖励并推广，计 6 分。 挂岗锻炼期间，作为参与人完成岗位相关的优秀经验或典型案例，获得省公司级典型经验，计 10 分。获得市公司级优秀奖励并推广，计 3 分
4	科技创新	挂岗锻炼期间，独立完成岗位相关的改善或创新，获得省公司级创新成果，计 30 分。获得市公司级优秀奖励并推广，计 20 分。获得部室级优秀奖励并推广，计 10 分。 挂岗锻炼期间，作为主要协助人完成岗位相关的改善或创新，获得省公司级创新成果，计 15 分。获得市公司级优秀奖励并推广，计 10 分。获得部室级优秀奖励并推广，计 5 分。 挂岗锻炼期间，作为参与人完成岗位相关的改善或创新，获得省公司级创新成果，计 10 分。获得市公司级优秀奖励并推广，计 5 分。获得部室级优秀奖励并推广，计 3 分

（六）依托研究生工作站聚力培养

1. 依托研究生工作站不断深化校企合作内容

通过联合培养研究生工作，双方导师将生产难题与理论研究有机结合，促进了校企合作内容的不断深化。积极将理论研究新成果带到生产一线，充分利用双方的优势互补，提高生产一线技术人员的理论水平，开拓处理现场技术难题的思路，促进了科技成果的现场转化。积极促成校企合作，开展科研项目联合攻关，带动校企对口实验室及课题组开展了更加深入的合作交流。通过科研项目合作开发、学术研讨交流、技术难题联合攻关、科技项目评审验收等多种形式，不断提升企业技术人员的理论水平和科技创新能力。

2. 依托研究生工作站实施专家人才培养战略

通过与高等院校联合培养研究生，国网河北电科院将研究生工作站企业导师队伍建设与企业高层次人才培养相结合，借助高等院校的科技研发能力，提升企业技术人员的技术水平。通过与学校导师研讨联合培养课题，帮助技术人员全面了解高等院校的科研成果、学术研究等技术新突破，准确把握技术发展方向，从而进一步拓展工作思维，吸取各家之长，完善知识结构。借助研究生工作站，技术人员努力将企业科技项目与联合培养课题相结合，充分借助学校科研资源，解决自身工作中的技术问题，实现了研究生培养与课题研究的高度融合，帮助技术人员提升自身解决生产实际问题的能力。通过打造高层次企业导师队伍，带动企业整体技术水平的提高。

3. "订单式"培养将选择人才、引进人才、培养人才的关口前提

在校研究生在学校完成课程阶段的学习之后，来到研究生工作站进行为期一年半的学习和工作，在企业和学校双方的导师共同指导下，在实际工作中进一步巩固理论知识，提升自身实践能力，努力将自己塑造成懂理论通实践的复合型人才，如图5-6所示。而企业则结合发展需要，从高等院校的对口专业实施引进学习优秀的研究生，并充分利用学生学习能力和可塑性强的特点，有针对性地培养企业急缺的专业人才，为企业的发展做好人才储备，实现了选择人才、引进人才、培养人才的关口前提，大大缩短了企业人才成长周期，多年来，国网河北电科院共引进18批180余名工作站优秀毕业生，

为企业发展提供了强有力的人才支持。

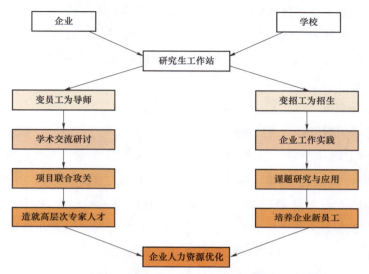

图 5-6　依托研究生工作站平台的人才培养新模式

五、科技创新型人才激励管理机制

（一）以薪酬激励措施，倾斜科技创新

打破平均主义，突出奖励贡献，建立以科研贡献差异度为导向的评价体系，完善待遇、发展、成长的多维激励策略，加强对核心科研人才和攻关团队的激励，实现薪酬向创新人才倾斜。

1. 坚持以效定资，完善绩效薪酬的激励机制

建立"质、量、表现"三维评价和定量考核与定性评价相结合的"工作积分制"考核模式，每月按照积分台账兑现，实施"薪酬向一线倾斜"的制度。

（1）印发绩效工资分配管理办法，直接设立向一线倾斜的专门奖励，每年从绩效工资总额中按比例提取，用于奖励在基建调试、科技创新、市场收入和业绩考核等工作中做出贡献的专业部门和个人。其中科技创新专项奖励是对省公司级及以上科技奖励以外的，科技立项、科技成果、专利授权、技

术标准、科技论文（论著）等的奖励。

（2）定期组织各部门修订完善部门绩效工资分配办法，部门绩效工资分配体现部门内部向绩优员工倾斜、向高端人才倾斜、核心技术骨干倾斜、向艰苦岗位倾斜，突出多劳多得、奖优罚劣导向，合理拉开同岗级员工收入差距。

2. 坚持以优定奖，完善科技成果专项奖励机制

建立以创新质量和科技贡献差异为导向的专项奖励机制，加强对核心科研人才和攻关团队的激励，明确科研奖励"上不封顶"。制定《科技创新专项奖励实施细则》，将科技立项、科技奖励、专利授权、技术标准、论文论著 5大类成果纳入专项奖励范畴，并明确了各类成果的奖励标准及归口部门。

以科技论文（论著）为例，明确要求第一作者为国网河北电科院在册员工（有通信作者的，应与第一作者为同一人），且第一作者所在单位是国网河北电科院或者国网河北能源公司，按照论文级别以及对省公司级科技成果价值贡献度制定相应的奖励金额，见表 5－10。

表 5－10　　　　　　　　　科技论文（论著）奖励标准

类别	名称		奖励标准/每篇（部）
A	SCI（科学引文索引）收录的期刊论文	（中国科学院分区）1 区	10000 元
		（中国科学院分区）2 区	8000 元
		（中国科学院分区）3 区	6000 元
		（中国科学院分区）4 区	4000 元
	中国科技期刊卓越行动计划入选项目的期刊论文		6000 元
B	具有国际标准书号（ISBN）的专著		4000 元
	EI（工程索引）收录的期刊论文		4000 元
C	世界学术期刊影响力指数（WA JCI）Q 2 分区的国内中文核心期刊论文		2000 元
	国内中文核心期刊发表的论文		800 元
	EI（工程索引）收录的会议论文		800 元
D	河北电力技术期刊论文		200 元
	ISTP（科技会议录索引）收录论文		200 元

3. 坚持内外同等，严格落实外部科技奖励机制

贯彻国网河北省电力有限公司《科技奖励奖金分配管理规范》，落实外部各类科技奖励奖金的分配与发放，严格审查获得奖励人员的实质性技术贡献，认真履行决策和公示程序。经过绩效导向与专项奖励的机制设计，有效促进了科技创新型人才的薪酬激励效果。

（1）院级激励效果上，在激励总额自 2018 年起，开始发放一线倾斜专项奖励，其中院级以科技创新专项奖励为主，另有市场收入专项奖励、业绩考核专项奖励、基建调试专项奖励。在部门间激励效果，实行一线倾斜的绩效工资分配制度以来，各部门之间的绩效工资人均水平差距适度拉开。以 2022 年为例，专业部门人均绩效工资最高的与管理部门人均差距明显拉大。专业部门之间，年度人均绩效工资最高和最低差距较为明显。

（2）各部门绩效工资二次分配效果，各专业部门在绩效工资二次分配中，按照薪酬向一线倾斜的原则，精心设置绩效评价项目和绩效工资分配规则，实现按劳分配、绩优薪高，员工收入能增能减，充分调动员工积极性，激发干事创业内在动力。设立专项奖励，用于激励业绩考核成效明显、重要领域贡献突出的事项；对科技创新积分排名前列的员工，给予专项奖励或年度绩效等级直接评为 B＋及以上。

（3）同部门同岗级绩效工资分配离散度，在院级一线倾斜和部门差异化绩效工资分配机制作用下，同部门同岗级员工的绩效工资收入保持在较合理的差距效果。以 2022 年为例，同部门同岗级员工收入最高与最低具有明显差距。

（二）以晋升激励措施，奖励创新贡献

1. 畅通发展，引导多极通道助适配晋升

对 35 岁以下青年进行全面的素质与职业测评，从职业愿景、专业目标、发展优势、核心能力、性格特征、工作态度等多个方面，帮助引导青年进行自我总结与评估，将青年按照技术研究型、管理复合型、技能增效型等不同序列，为青年量身设计"青年职业发展路径"，员工职业发展通道设计分为六大层级结构（见图 5-7），层层递进，是一个需要渐进式完善的管理过程。

第一步，框架搭建，设计通道的主体结构，并分层，分序列。

第二步，标准设定，设定每一序列的对应标准，及评价方式、工具等。

第三步，运转实施，设定通道的流转规则，构建"内驱力"和"外驱力"。

第四步，成长接口，综合考虑全局，设计"新人入口"与"老人出口"。

第五步，能量传递，发挥通道的价值传递作用，传播知识、经验和理念。

第六步，环境适应，增加通道的弹性，使之能够在环境变化时，相应调整。

（1）职业发展通道框架搭建。设计通道的主体结构，并分层、分序列。通过一系列调研与访谈，构建出适合于企业现阶段的框架结构（见图5-8），包括主体通道结构、通道层级结构、通道序列结构、通道间的关系。

图5-7　员工职业发展通道

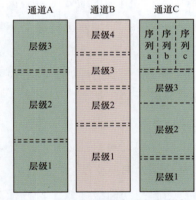

图5-8　职业发展通道框架搭架

（2）职业发展通道标准设定。如何对员工的职业发展进行评价，使其进入适合其发展的通道，需要设定相应的评定标准，根据国网河北电科院的实际情况和当前高学历青年人才的岗位特点，制定评定标准，包括基本条件、能力素质、专业技能和历史贡献四个维度，详见表5-11。

表5-11　　　　　　　　　　职业发展通道评价标准

模块	模块内容	评价方式	评价者	评价结果匹配分值标准
提名条件	学历	核定	HR	作为准入条件，不占比例
	专业工作经验			
	绩效情况			

续表

模块	模块内容	评价方式	评价者	评价结果匹配分值标准
能力素质	核心能力	评价（典型事例）	上级	评分采取 10 分制，根据被评价者与申请等级的匹配程度，将需要评分的评审项由低到高分为五级，即不匹配 [0 分，4 分)、低匹配 [4 分，6 分)、匹配 [6 分，8 分)、高匹配 [8 分，9 分)、超匹配 [9 分，10 分)
	通用能力	360 度评价、基于能力的面试提问	上级、关联人员	
专业技能	专业能力	答辩、技能操作	专业指导委员会	
专业贡献	项目经验	评定（基于标准）	专业指导委员会	
	学习分享	评定（基于标准）	专业指导委员会	
	技术革新论文	评定（基于标准）	专业指导委员会	
	人员培养/行业影响力	评定（基于标准）	专业指导委员会	

（3）职业通道运转实施规则。设定通道的流转规则，构建"内驱力"和"外驱力"。实现了上述两个步骤，即员工职业发展通道的"框架搭建"和"标准设定"后，可以把现有的员工匹配到所设计的通道之中。但此时的发展通道，处于一种静止状态，尚不能进行有效流转。因此，第三步的作用是使匹配好的通道有效流转起来。从制度角度来讲，此处涉及的是职业发展通道的晋升规则，如评定周期、评定组织、评定流程等。具备上述制度条件之后，还需要认识到，人的职业发展不会天然自发的产生，需要组织配置相应的出发条件，即外驱力与内驱力。

（4）规划职业通道上下接口。综合考虑全局，设计"新人入口"与"老人出口"，如图 5-9 所示。从管理程度上，职业发展通道的上下接口（尤其是上接口）的问题，已经超出了单纯人力资源部的职权范围，是一个涉及整个企业人才战略布局的更高层次问题。

（5）发挥能量传递通道作用。发挥通道的价值传递作用，传播知识、经验和理念。企业建立职业发展通道的目的，一方面是要将员工容纳进来，以安定军心、谋求企业的长远发展；另一方面，也需要意识到，职业发展通道本身，就是一个宝贵的管理资源。通过职业发展通道将现有的管理资源进行了系统化的梳理；将高价值

图 5-9 规划职业通道上下接口

的员工筛选了出来。如何发挥通道的价值作用是本阶段需要考虑的问题。形象比喻，就是如何将通道中已经积聚的能量，传递出来。

（6）建立通道环境适应弹性。增加通道的弹性，使之能够在环境变化时，相应调整，如图 5－10 所示。环境适应是指从一个较长的时间周期而言，需要根据企业发展的状况，增加通道的“弹性”，以适应企业发展的需求。在工种、岗位发生细分时，可以增加通道或者增加序列，来容纳不同的类型的员工。在通道流动长期“凝滞”的状态下，可以适当拉长通道的层级，以刺激内部流动，增强通道的激励和区分效果。

多通道模式
多通道模式
多通道模式
长通道模式
上端接口
职业发展通道
下端接口

图 5－10　建立通道环境适应弹性

（7）建立整体职业发展通道。整体职业发展通道由管理通道、技术通道和技能通道三条主通道构成，基本的层级设置分为五级，在每一级中又分成小的层次上，如图 5－11 所示，图中标示数字表示该通道大层级内所包含的小层级数量。

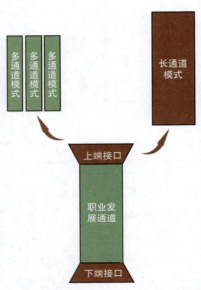

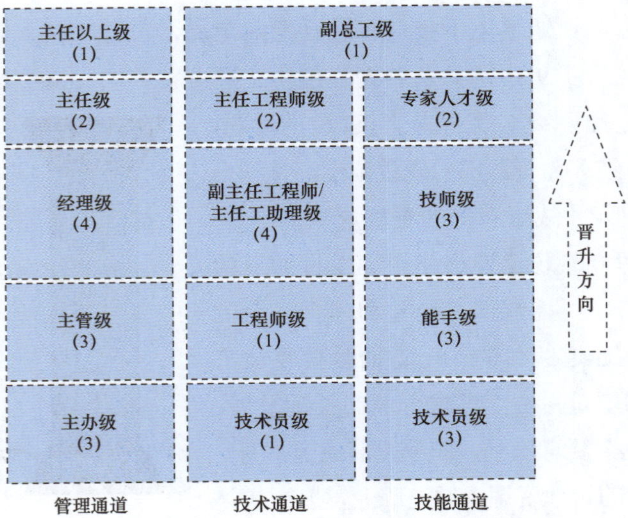

主任以上级 (1)
副总工级 (1)
主任级 (2)
主任工程师级 (2)
专家人才级 (2)
经理级 (4)
副主任工程师/主任工助理级 (4)
技师级 (3)
主管级 (3)
工程师级 (1)
能手级 (3)
主办级 (3)
技术员级 (1)
技术员级 (3)
管理通道
技术通道
技能通道
晋升方向

图 5－11　建立整体职业发展通道

管理通道内细分出四条子序列，分别为经营管理序列、生产管理序列、综合管理序列、党群工会序列，技术技能同属于专业通道，详见图5-12。

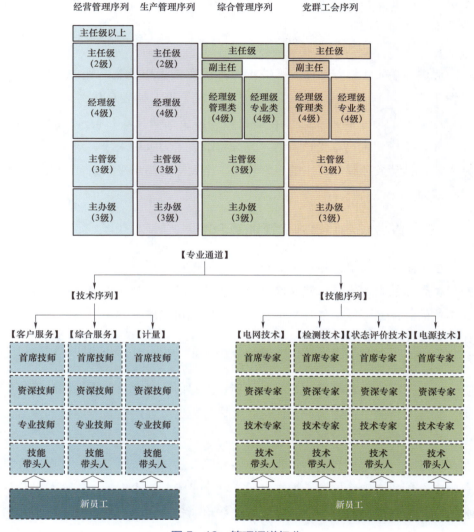

图5-12 管理通道细分

2. 突破传统，奖励突出贡献享专项待遇

除传统晋升机制外，创新设置"高级技术岗"待遇，对在技术研发、新技术集成、先进技术推广应用等方面做出突出贡献的优秀人才、青年员工，

给予正常职级序列晋升流程之外的专项待遇，解决部门高级岗数量不足而优秀人才贡献突出的矛盾，享受此待遇的员工年收入同比可增加 26%。近三年来，国网河北电科院共选拔 5 名优秀青年人才享受"高级技术岗"待遇。高级技术岗待遇标准实施方案见附录 B。

3. 直接晋级，打破晋升藩篱引高端人才

促进高端人才培养，印发《关于提高优秀博士毕业生待遇的通知》，针对博士毕业生制定一人一策的培养方案，对于见习期表现优秀，且符合相应业绩条件的博士毕业生，转正后直接调整至高级岗。目前 1 名 2019 年新入职博士毕业生已享受该待遇，充分营造了大力吸引人才、培养人才、用好人才、推动人才脱颖而出的良好环境，全面激发高水平科研创新人才的潜力和活力。

（三）以成长激励措施，赋能复合发展

结合企业发展定位和员工成长需求，发挥高学历、高水平科研创新人才密集型企业的人才优势，建立健全人才培养与激励机制，培养一批跨专业、跨岗位的"一专多能"复合型员工，为助力公司高质量发展提供强有力的人才支撑。

1. 构建"三跨"机制，赋能复合型员工成长

（1）突出跨专业培养。针对科研项目多部门、全专业的柔性团队工作机制，实施工作的"多维度、全优化"整合，通过柔性团队多专业协同配合的工作模式有效提高员工跨专业技术学习，促进员工复合发展。鼓励员工本专业在职进修，获取更高学历及跨专业辅修第二学历，按照"宜专则专，宜复合则复合"的原则，培养一批高素质、高水平优秀技术人才。制定差异化培养策略，如已满足跨专业取得国家执业资格的优秀人才，提供跨岗位交流锻炼计划，丰富员工岗位实践经历，促进员工复合培养。

（2）强化跨岗位锻炼。结合部门工作实际，组织重点培养对象开展部门间员工短期交流锻炼，如电网－设备交流、能动－能控交流等，明确"三个一"锻炼目标，要求交流期间必须参与至少一次大型现场试验，参与完

成至少一份重要技术报告，参加至少一次部门全员培训师授课，丰富员工岗位经历。组织各专业部门、管理部门开展部门内部员工轮岗交流，如电网技术中心组织部门内部新能源、二次评价岗位员工交流，电力设备技术中心组织开关技术、直流储能岗位员工交流等，将跨岗位锻炼纳入部门绩效考核，督促专业部门按计划实施，丰富员工跨岗位工作经历，提升员工综合素质。

（3）推进跨单位交流。与国网河北超高压公司、国网河北经研院等搭建员工跨单位交流锻炼平台，选派优秀青年员工在对口专业、岗位交流锻炼，重点强化生产现场实践锻炼。选派优秀专业技术人员赴国网雄安供电公司挂职（岗）锻炼，支持国网雄安供电公司建设，提高员工自身素质，推荐复合型员工参加"东西人才帮扶"。

2. 完善激励机制，保障复合型员工培养

（1）建立复合型员工认证机制。对满足复合型员工条件的员工要求其提供工作业绩等作证材料，表现优秀的由单位认证为复合型员工。

（2）完善薪酬激励机制。经过复合型员工认证后次年岗位薪点积分年度核定时，一次性加 2 分。认证当年绩效原则上为 A，次年执行岗级上调一岗（有效期 1 年，不占用浮动岗级名额）。取得单位所需国家执业资格、两种中级及以上专业技术资格、跨主修专业取得后续学历的员工进行即时绩效奖金奖励，特别是对于跨主修专业取得国家执业资格的员工给予双倍奖励。

（3）建立成长优先机制。岗位竞聘、高级技术岗、职员选拔等过程中，优先考虑复合型员工，对单位认证的复合型员工，工作年限标准可减少 1 年。

（四）以荣誉激励措施，激发创新热情

1. 定期组织人才评优

定期设置科技创新工作季度交流会和年度评审会，结合公司科技创新项目开展，每季度组织创新负责人，针对科研创新的阶段成果、创新思路、应用展望及联络需求进行汇报交流，邀请公司领导，各专业部门负责人，部分

行业专家，开展服务指导与专业辅导。

每年组织一次人才工作会议和科技工作会议，组织评优活动，奖励和鼓励人才工作先进部门，人才先进工作者，对于在经营管理、科研技术、安全生产、革新改造、思想政治工作、生产技术作业等方面有创新，取得显著的经济效益和社会效益的团队和个人，公司授予荣誉称号并给予重奖，强化物质和精神的双激励。并评选优秀"管理创新之星""科技创新之星""职工创新之星"等人才先进工作者、人才先进部门、科技先进部门、优秀兼职培训师、成长之星、公司好导师等，评选结果和绩效、个人发展挂钩。

2. 健全重大奖励培育机制

加大科技奖励申报工作力度，深化以知识产权为核心的成果意识，严格落实科技项目立项、验收、评价各阶段的知识产权指标，有侧重地实施产权类成果的提前布局。如2019年9月，通过系统梳理项目成果，对奖励规划进行了滚动修订，遴选并推荐"新能源电力系统宽频带振荡抑制技术及应用"等9个项目进入2020年度省部级科技奖励培育序列，完成第三方技术鉴定，指导服务项目组完成申报工作。

六、科技创新型人才产研共创机制

（一）紧贴生产实践，支撑业务链能力

1. 常态推动，强化实践锻炼的机制建设

制定《国网河北电科院关于印发加强专业人员下基层锻炼工作方案》（见附录C），结合国网河北省电力有限公司内外部实践锻炼、非电员工培养等重点工作，积极督促各专业部门青年员工参与现场实践锻炼，鼓励青年员工在深入了解设备结构、工作原理、试验方法的同时，进一步结合专业深入思考，把实践所得转化为指导科技创新、理论研究的宝贵经验，努力把现场实践锻炼打造成锻炼青年员工，促进青年员工快速成长的平台，有效促进青年员工

现场经验积累和专业水平提升。

2022 年选派 6 名优秀年轻领导人员和业务骨干参加国网河北省电力有限公司内部跨单位交流学习，推荐 4 名优秀员工赴中国电力科学研究院有限公司、南瑞集团有限公司交流锻炼，努力培养一批复合型优秀年轻领导人员和业务骨干。2023 年按照国网河北省电力有限公司内外部实践锻炼工作要求，选派 2 人赴国网浙江省电力有限公司、中国电力科学研究院有限公司参加外部实践锻炼，2 人赴国网石家庄供电公司、国网河北电力超高压公司参加内部实践锻炼，1 名 2022 年新入职员工赴国网石家庄供电公司参加非电专业毕业生轮岗实践，接收国网宁夏电力科学研究院有限公司 1 名领导人员到国网河北电科院实践锻炼，加强实践锻炼过程管理，切实提升员工培养实效。

2. 问题导向，强化服务生产一线业务

针对科技创新型人才现场实践经验短缺问题，有计划地选派优秀青年员工参加系统内兄弟单位的对口专业、岗位交流锻炼，选调基层年轻干部进行外部挂职锻炼。2022 年，组织 12 名入职三年内青年员工赴国网石家庄供电公司开展为期一个月的交流锻炼，搭建深入生产一线实践锻炼的平台，助力青年员工进一步开拓视野、弥补短板、增潜聚力，开展科研创新工作打下坚实基础。并鼓励各部门优先安排入职五年内的青年员工参与基建调试工程，2022 年，专业部门平均参与现场试验天数 27.44 天，较 2021 年增加 13.85 天，加强青年员工现场实践锻炼工作成效显著。

（二）强化产研融合，平台资源促创新

1. 构建科研平台，促科研能力提升

加强在运实验室运行管理，开展实验室标准化建设，巩固面向传统业务的试验检测能力。优化实验研究能力布局，加强电力物联体系、电气消防、主动配电网等领域实验研究能力建设。加强优势技术领域与国家电网有限公司、河北省产业发展的重大需求深度融合，为优秀人才提供高层次、专业化的科研创新与实验操作平台资源。

2. 促进资源共享，服务科技创新"大循环"

完善资源库建设，发挥省级电科院数据优势和电网平台作用，加强与知

名科研单位和高校的创新资源协同，推动先进科研成果在河北南网转化落地应用。加强与外部产业单位的合作与互动，在科技立项、技术研发、成果转化和人才培养等方面深化共识，重点在电力物联网感知装置研制、配电网智能设备检测及运维等领域拓展合作，推动内部科研管理水平和科技市场开拓能力提升，提升高端人才的科研实践能力。

同时，统筹文献库、标准库、成果库等科技信息资源，打造国网河北省电力有限公司首个能源互联网科技创新资源共享平台，以随时随地、及时高效的科技资源访问方式，为广大科研人员科技攻关提供源源不断的创新动力，为公司能源互联网建设提供高效优质的科技信息资源服务，形成配置合理、互用互惠、运行高效的科技资源共享机制。

（三）构建智研平台，博士后站育人才

1. 发挥博士后站科研优势，高端人才促创新

（1）明确人才定位。博士后科研工作站的设立，为引进和培养高水平人才创造了良好的条件，拓展了企业高端人才引进的渠道，大幅提升公司的科技创新能力；博士后工作站成为公司高层次人才引进、培养、使用的重要平台，有效发挥博士后科研人员扎实深厚的专业理论知识优势，在推动产学研深度融合方面发挥更大的作用。

（2）提供资源条件。完成博士后人员办公及生活场所规划设计和建设。国网河北电科院设立博士后工作站办公室，根据专业方向，国网河北电科院变压器状态评估实验室、智能二次设备测试评价实验室、输变电安全与节能材料实验室、电网环境保护与预控技术实验室、网源协调与节能评估实验室、大数据与人工智能实验室等1个国家电网有限公司级、6个省公司级以及10个院级实验室均可供博士后工作站使用，方便博士后研究人员开展学术研究以及日常工作。

（3）强化工作管理。根据《国家电网有限公司博士后工作管理办法》有关要求，规范博士后人员进站、在站以及出站等管理工作，明确培养管理方式。博士后工作站培养管理方案附录D。

同时，完善博士后工作站建章立制工作。一是组织编制《国网河北省电

力有限公司博士后工作管理细则》，明确公司相关部门管理职责，梳理博士后人员进出站流程，规范博士后工作站经费管理制度；二是明确博士后工作站领导小组，确定职责分工，确定博士后工作站站长、常务副站长及领导小组成员，确保设站工作顺利有序开展；三是组织国网河北电科院编制博士后工作站日常管理规范，制定博士后科研项目立项、结项评审及相关考核标准；组织编制博士后进站办事指南、进站流程等相关进站材料，编制博士后研究人员科研工作协议书、联合培养博士后研究人员协议书等材料。

（4）力促创新成效。2023 年 8 月 14—15 日，由国网河北电科院首批在站博士后薛世伟带领的技术研发团队，凭借"新能源交直流配－微电网协调控制关键技术及应用"创新成果斩获第二届全国博士后创新创业大赛河北省选拔赛大赛铜奖，实现了国网河北电科院博士后创新创业大赛获奖零的突破。

博士后薛世伟所在项目团队聚焦配－微电网协调控制技术难题，在控制原理上不断探索，在技术路径上勇于创新，构建了微电网"并网主动支撑－并离网无缝切换－离网优质供电"技术体系及成套核心装备，形成了良好的示范效应，经济社会效益显著。斩获大赛殊荣是对团队成果的充分肯定，同时，彰显了国网河北电科院科研人才敢闯敢拼敢干、勇攀科技高峰的精神风采。

国网河北电科院将依托博士后工作站和河北省能源互联网仿真建模与控制重点实验室，继续加大对博士后等科技人才的培养力度，深耕配－微电网互动关键技术，拓宽科技成果转化渠道，以高水平科技自立自强，为国网河北电科院高质量发展注入创新动能。

2. 依托优秀期刊资源优势，理论探索促成果

依托创刊于 1982 年的由河北省电机工程学会、国网河北电科院主办的《河北电力技术》期刊，发挥期刊理论探索与科研实践的成果展示平台，培养专家人才，交流技术经验，服务网厂发展。充分发挥政策咨询和理论依据的参考功能，关注发电输配电、用电、电力建设、科研设计、技术改造等方面的论文和经验成果，促进电力电工科学技术的交流、应用与发展。该期刊目前为河北省唯一的电力科技刊物，是河北省优秀科技期刊。

2022 年《河北电力技术》立足推动电力科学技术进步，反映当前电力技术研究热点，为电网建设服务的原则，开辟了新型电力系统、能源互联网、

电力大数据与人工智能等热点专栏。全年共刊发 115 篇（较 2021 年增加刊发稿件数量 21 篇），其中电网侧技术 86 篇、热动技术 8 篇、热工自动化与信息通信技术 15 篇、金属与化学技术 6 篇。2023 年，编辑部以增强期刊对国网河北省电力有限公司科技创新支撑能力为重点，以"三个紧抓"为主线，围绕国网河北省电力有限公司重大需求和科技发展战略布局，充分发挥媒体平台的集成创新优势，聚合优质资源，全面提升期刊学术性、先进性和影响力，加快实现从单纯的技术内容提供者向科技信息服务平台的高价值转型，为国网河北电科院的科技创新研究与成果交流搭建平台。

（1）以刊促研，发挥期刊的理论成果练兵场作用。邀请国网河北电科院科技研发活跃度较高的博士及高水平专家组成终审团队，定期开展线下论文终审工作。一是对论文中技术分析的可行性与可靠性做出更精准判定；二是通过线下面对面交流提出改进意见，提升编辑们的业务领域知识水平，协助作者更有针对性完成论文修改，全面提升内容质量；三是通过对论文编审与技术研究，推动国网河北电科院技术创新实践。

（2）以会促学，打造河北公司技术创新交流平台。融合国网河北电科院和各兄弟单位在电力发展新技术领域的专业布局与协同创新资源，以《河北电力技术》为平台和载体，共同打造国网河北省电力有限公司技术创新论坛，通过组织线上线下的学术会议、专家讲座、新技术沙龙、培训等学术活动，服务科研成果发布、先进技术交流、竞争力展示，促进科技创新人才的研究实践与智库成果转化。

（四）重视柔性共创，集才促业攻难关

1. 聚焦重大科技攻关，以事炼才育专家

围绕国网河北省电力有限公司战略，以"专业聚合、创新发展"为目标，发挥组织优势，凝聚各专业机构技术力量和优秀专家人才，打破组织界限和专业壁垒，围绕重大科技攻关项目等组建跨部门、跨专业柔性团队，促进专业集聚、人才汇聚、智慧凝聚，将柔性团队作为发现、培养和使用优秀人才的载体，为敢于尝试、勇于挑战的员工提供锻炼成长平台，为不同领域、不同特长的优秀人才提供专业交流渠道，加速成长历练，促进融合创新，打造

高质量的科技创新成果，推进一流科技创新型企业建设。科研创新柔性团队建设实施方案见附录 E。

2. 发挥柔性共创机制，集才促业保成果

（1）完善团队组建机制。 坚持"推荐＋点将＋竞聘"相结合，牵头部门推荐负责人，负责人根据资格要求遴选成员；坚持"角色分工＋职责分类"相结合，根据团队成员工作能力、工作经历、分工安排、投入时间等划分工作角色，明确核心成员、重点成员和一般成员的职责边界和要求。

（2）做好例会管理机制。年初定目标， 围绕公司战略部署和年度重点工作，以目标任务为导向，确定本年度柔性团队工作任务清单，经院长办公会审议通过后发布。原则上，柔性团队任务为公司负责的跨部门、跨专业协同的科技立项研究项目，立项以正式文件为准，任务结束以发文单位组织通过验收为止，不与中长期激励项目重叠。**季度跟进展，** 每季度末工作小组对本季度柔性团队工作实施情况进行跟踪评估，听取任务进展、讨论存在问题、解决资源需求，保障工作顺利推进。**及时严考核，** 采用目标任务制对团队、团队负责人和团队成员开展考核评价。团队考核内容主要包括任务完成情况、工作成果、效益价值等，由工作小组进行评价；团队负责人和成员考核内容主要包括工作业绩、工作态度、工作能力、加分项等，其中团队负责人考核由工作小组、团队成员评价，分别占比 60%和 40%，团队成员由团队负责人考核评价。采用"季度＋结项"考核方式，季度考核权重占 40%，结项考核权重占 60%。

（3）制定团队奖惩机制。

1）正向激励奖担当， 鼓励各专业部门积极开展跨部门、跨专业的团队合作，将专业部门绩效工资的一部分拿出设立柔性团队绩效薪酬包，用于对柔性团队工作开展一次性奖励。

团队内部奖励分配规则如下

$$团队成员奖励金额 = M \times K \times (1 - J) \times T \times P$$

式中：M 为团队奖金基数，主要奖励牵头和配合部门及团队人员；K 为团队二次分配系数，一般为 80%，即将团队奖金基数的 80%交由团队负责人二次分配，剩余 20%交由配合部门负责人分配，用于奖励部门积极配合；J 为团队负责人奖励分配系数。原则上不高于 30%；T 为团队考核系数。根据团队考核结果分档确定，其中"优秀"为1，"良好"为0.8，"合格"为0.6，"不合格"为0；P为个人分配系数。

2）反向惩处促精进，为避免出现任务无法按期完成等情况，建立反向惩处机制。当团队考核不合格时，牵头和配合部门按照业绩考核责任书的承担任务权重，从部门绩效工资总额中扣减相应金额（注：扣减金额＝团队奖金基数×部门任务权重）。对于因不服从工作安排被淘汰的团队成员，工作小组将对其通报批评并结合团队负责人考核建议对其进行惩处。

七、科技创新型人才服务保障机制

良好的人才服务机制，是优化人才工作的定盘星。没有良好的服务环境，人才引来也留不住，留住也用不好。环境好，则人才聚、事业兴；环境不好，则人才散、事业衰。要健全工作机制，增强服务意识，以识才的慧眼、爱才的诚意、用才的胆识、容才的雅量、聚才的良方，广开进贤之路，提高人才工作科学化水平，把各方面优秀人才集聚到地方和企业发展中来，形成尊重劳动、尊重知识、尊重人才、尊重创造的良好氛围。

（一）联系专家服务机制

1. 坚持平台搭建、主动服务

建立完善人才服务机制，重点是大力营造有利于人才健康成长和发挥作用的政策环境、人文环境、工作环境。要搭建发展平台，树立正确的选人用人导向，为人才发挥作用创建载体，为优秀人才脱颖而出开辟"快车道"；改进服务手段，针对各类人才特别是高精尖缺人才开展"管家式""保姆式"服务，减少人才引进、流动、创业中的各种阻力，及时解决人才在工作和生活中遇到的各种问题，处理好留住和用好人才"最后一公里"问题，不断提升人才管理服务的质量和水平，从而让各类人才的创造活力竞相迸发、聪明才智充分涌流。

2. 坚持分层分类、动态管理

强化党委联系服务责任，按照专家的层次、类别、专业，广泛确定联系服务对象，并建立动态调整机制。公司领导和专家、项目结对子，建立日常辅导和关怀制度。

3. 坚持普遍服务，重点联系

强化联系服务专家的重点，对影响力大和贡献突出的专家项目直接联系、重点支持，积极为专家搭建工作平台，优化创新环境，支持专家干事创业，充分激发广大专家创新创业积极性、主动性、创造性。

（二）科技创新帮扶机制

1. 人资部牵头，建章立制，提供政策扶持

针对国网河北省电力有限公司张榜的重要科技创新项目，人资部在人才选配，待遇津贴，成果奖励，职业发展等方面制定详细的标准细则，激励各类人才愿做事、敢挑战。针对科技创新型项目、专业技术人才培养等，建立专家联络机制，创新项目负责人可通过需求提交的方式，向人才办申请外援专家联络指导。

2. 财务部牵头，优先倾斜，做好资金支持

针对重点联系项目、重点人才对象，在项目预算额度、项目预算审批等方面，在合规范围内额度倾斜、优先拨付。

3. 科技部牵头，把握前沿，做好信息通报

结合公司战略及业务的创新热点、创新难点以及新技术应用等，科技部定期收集整理相关的报告、最佳实践、研究成果等以白皮书的形式做好智库支撑，向项目团队共享信息。

（三）容错纠错评价机制

1. 建立科学合理的优秀人才评价标准

建立各类人才的能力素质标准，建立分类分层的考核评价模型。探索各类科技人才评价方法，建立以岗位要求为基础，以能力和贡献为重点的评价体系。对专业技术人员的年度考核主要以科技人员在日常工作中的工作态度、工作数量、工作质量和岗位贡献等作为主要要素；对专业技术职务的聘评主要以科技人员的基本素质、业绩成果、考核答辩、岗位绩效等作为

主要要素。

2. 建立容错纠错的科技创新评价标准

考虑科技创新周期长、短期见效难等特点，实施科技项目动态调整和良性退出，允许技术路线合理变更，鼓励在迈入创新"无人区"的专业领域探索试错，解决科研人员开展大胆创新的后顾之忧。

≪ **第六章**
人才之星绚丽绽放

1. 潘　瑾

个人情况

　　国网河北省电力有限公司高级专家，国网河北电科院电力设备技术中心三级职员。1988 年毕业于西安交通大学，电气技术专业本科学历。主要从事电力设备检测技术研究、缺陷诊断和故障分析处理等专业工作。

履历资历

　　入职以来始终坚持工作在生产科研一线，积极开展检测技术研究、设备缺陷诊断和故障分析处理工作。多次主持或主要参与分析 500 千伏主变压器、GIS（罐式断路器）等主要设备的缺陷、故障分析处理工作。参与了多个技术标准委员会的工作，参与编制或修订了国家标准三项，国家检定规程一项，电力行业标准十余项，是国家电网有限公司企业标准 TC04 工作组成员。

　　在国家电网有限公司内率先开展的多项检测技术及反事故措施逐步获得推广，部分技术要求写入了国家及行业标准。参与了多次全国或国家电网有限公司级专业技能大赛的备赛培训工作，并取得了较好的成绩。参与调试的安保 500 千伏输变电工程是河北公司第一个超高压输变电工程，参与调试的辛安—获嘉输变电工程是国家电网有限公司华中—华北联网关键工程，参与调试的北京西、石家庄两个特高压输变电工程均顺利投运。被聘为 2020 年度中国电力科技进步奖及 2020 年度、2021 年度国家电网有限公司科技进步奖会评专家。

荣誉成就

获得河北省科技进步奖二等奖两项，技术发明奖二、三等奖各一项，国家能源局三等奖一项，省公司级科技进步奖多项。发表论文十余篇，获得发明专利 60 余项。被聘为 2020 年度中国电力科技进步奖及 2020 年度、2021 年度国家电网有限公司科技进步奖会评专家。

人物短评

专业技术过硬、业务能力突出，他的专业知识、创新思维以及独特的解决问题的能力，使他能够在创新领域独树一帜，这也体现了他对电力科研工作的深切热爱和对知识探索的不懈努力。他持续的努力与独创的研究，不仅增强了在同行中的影响力，也带来了全新的科研视角。

—❧ 2. 冯砚厅 ❧—

个人情况

　　国网河北电科院材料技术研究所四级职员。1988年毕业于西安交通大学，机械工程系焊接专业本科学历。长期从事电厂锅炉压力容器检验、金属材料焊接、金属技术监督工作以及输变电工程材料失效分析、新材料研制等专业工作。

履历资历

　　负责完成的国家电网有限公司重点项目"高导电率硬铝导线研制及应用示范"在远东电缆有限公司得到应用并向社会推广，取得了良好效益；负责完成的"平原地区输电线路强风倒塔机再分析及防治技术研究"在河北南网防倒塔治理中得到应用，自2011年治理以来220千伏输电线路没有因为螺栓松动发生倒塔；负责完成的"支柱式绝缘子保护装置的研制"在河北南部电网全面应用，自2006年应用以来没有发生过支柱绝缘子倒落事故。以科研技术专长服务生产，在输电铁塔、导线、金具及变电站部件失效分析中起到了关键作用，如大房线断线故障，在恶劣的天气条件下，准确判断出故障的原因和损失情况，为制定抢修方案起到了坚定的技术支撑。

此外，在电源侧完成的"超（超）临界机组高温材料应用关键技术研究""焊接冷裂纹再热裂纹插销试验机研制""支柱式绝缘子保护装置的研制""叶片急冷焊接接头研究""耐热钢药芯焊丝的研制""汽轮机补焊工艺研究""不锈钢药芯焊丝脉冲氩弧焊工艺在电站锅炉过热器焊接中的应用研究""汽轮机缸体及耐热铸钢件阀体镍基焊材冷补焊工艺研究""汽轮机缸体及耐热铸钢件阀体同质焊材冷补焊工艺研究""奥氏体不锈钢与珠光体（贝氏体）耐热钢小径管焊接工艺研究""ZX7－300（IGBT）逆变直流焊机的研制""102 钢与12Cr1MoV 钢小径管焊接再热裂纹的预防""18－8 不锈钢与 102 耐热钢异种钢焊口寿命分析""含缺陷压力容器评估研究"等科研项目也均取得了良好的效益。

荣誉成就

获得地市级及以上科研成果 20 余项，其中省部级以上成果 8 项，主持完成的"低成本高导电率硬铝导线制备技术"获国家电网有限公司发明二等奖，"高导电率硬铝导线制备技术及工艺创新"获河北省科技技术发明奖二等奖、主持完成的"强风倒塔机理分析及防治技术"获中国电力建设科技成果二等奖、"超超临界机组新材料关键技术研究"获河北省科技进步奖三等奖。撰写论文百余篇，获专利授权百余项其中发明专利 50 项。

人物短评

学识渊博、技艺精湛，几十年如一日，奋斗在生产、科研第一线，爱岗敬业，无私奉献，全身心投入工作，解决了电厂、电网大量技术难题，取得了一系列丰硕的成果，带出了一批优秀的科研攻关团队，是国网河北电科院材料技术专业的中流砥柱和中坚力量。

3. 杨海生

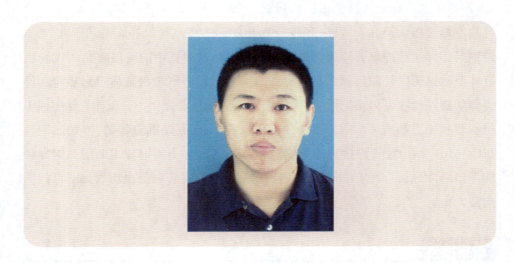

个人情况

　　国网河北电科院能源与动力技术研究所五级职员。1995 年毕业于哈尔滨工程大学，热力涡轮机专业本科学历。主要从事火电机组深度调峰和灵活性改造、能耗诊断分析、热力性能计算等专业工作。

履历资历

　　在生产技术服务及调试服务方面，多次承担网内首项（首台）试验及调试任务，包括：龙山 600 兆瓦空冷机组汽轮机及空冷岛性能验收试验；张河湾抽水蓄能电站水轮机调试；河北省发展改革委委托的热电机组指标认定工作、电力需求侧"双蓄"项目的验收评价工作；调度中心供热机组调峰能力试验；沧东电厂冷端系统运行优化试验等。为公司开拓多项新的核心竞争力项目，技术权威性得到了用户的认可。

　　在科技创新方面也有着不俗表现，曾主持及参加多个科研项目并获科技奖励。主持"促进新能源消纳的供热机组灵活调节技术研究及应用"项目获中国电力建设企业协会科技进步奖一等奖、河北省科技进步奖三等奖；其他

3 项项目获行业协会奖项，2 项项目获国网河北省电力有限公司科技进步奖一等奖。以第一发明人身份共获得授权发明专利超 24 项，实用新型专利 20 项。

荣誉成就

多项发明专利获得国网河北省电力有限公司专利奖，包括一等奖 2 项，二等奖 4 项，三等奖 3 项。累计发表国内及国外论文超过 70 篇。其中 EI 检索论文近 20 篇，中文核心期刊论文近 50 篇。出版译著 2 部，主编著作 1 部；作为主要人员参编电力行业技术标准 3 项。

人物短评

具有较强的学习钻研能力，曾独立发现国际标准中的错误之处，并推动修改。他看似不温不火，却总在用行动，引领在技术前沿，给人以奋进的力量，足以见证他对电力事业的热爱与用心的工作态度。

4. 刘克成

个人情况

　　国网河北电科院环境保护与化学技术研究所所长。1995 年毕业于上海电力大学，工业化学专业本科学历。多年来，始终致力于电力行业绿色发展，聚焦温室气体减排、水、气、土污染防治、废弃物资源化利用等方向的研究和实践工作。

履历资历

　　1997 年 3 月—2001 年 6 月，西柏坡发电厂二期 2×300 兆瓦、邯峰发电厂 2×660 兆瓦机组化学专业调试，主持完成分系统调试、锅炉清洗、整套启动调试和 168 小时试运各阶段调试工作，其中邯郸发电厂 2×660 兆瓦机组调试项目与工程主体一起获得国家"鲁班奖"。

　　2001 年 7 月—2005 年 4 月，河北省重点工程保定热电厂 2×125 兆瓦、沧东发电厂 2×600 兆瓦机组化学专业调试，主持完成分系统调试、锅炉清洗、整套启动调试和 168 小时试运各阶段调试工作，项目均被河北电力质检中心站评为"优良"。

2006 年 1 月—2006 年 11 月，沧东电厂 2×10000 立方米/天低温多效（MED）海水淡化系统调试，主持完成国内第一台法国进口低温多效（MED）海水淡化系统调试工作，项目被河北电力质检中心站评为"优良"。

2007 年 1 月—2014 年 12 月，开展水资源再利用方向研究工作，主持项目研究、试验、专利编制和应用等工作，完成科技项目研发 10 余项，获得授权发明专利 18 项，节水 1 亿多吨，节支 4 亿多元。

2015 年 11 月—2018 年 12 月，特高压 1000 千伏北京西变电站、石家庄变电站化学交接试验，主持开展特高压 1000 千伏北京西、石家庄变电站 1600 余项化学交接试验方案编制和试验，有力支撑了特高压工程安全、顺利投运。

2019 年 1 月至今，开展六氟化硫、色谱及绝缘油等方面技术研究，主持建成并投运河北六氟化硫气体回收处理中心、研制六氟化硫多参量检测仪器检验平台、开发六氟化硫数字化管控及油色谱在线监测等成果，高效支撑国网河北省电力有限公司"双碳"目标实现。

荣誉成就

在电网环保化学领域完成 600 余项科研生产工作，获得中国专利银奖 1 项，省部级奖励 14 项，取得专著、论文、专利、标准等知识产权 60 余项，成效多次获得新华社等知名媒体报道。

首创"以废治废"新方法，"反渗透浓水与城市污水交互处理利用方法"荣获第 21 届中国专利银奖，得到国家电网有限公司 2020 年科技创新大会董事长颁奖。获得省部级奖励 8 项，年节约清洁水源 1 亿多立方米，得到新华社报道。参与完成总理基金"大气重污染成因与治理攻关"研究，荣获省部级奖励 3 项，成功应用于 18 个省 400 余台机组技术改造，为改善大气质量发挥了重要作用。

人物短评

多年来，深入开展大气污染防治方面的技术攻关，在火电厂烟气污染物治理方面取得显著成效，参与总理基金专项课题研究，荣获多项高等级科研奖励，为助力京津冀大气质量改善、电网低碳高效发展发挥了重要作用。

5. 周 文

个人情况

国网河北省电力有限公司高级专家，国网河北电科院电网技术中心五级职员。2006年毕业于北京交通大学，电力系统及自动化专业硕士研究生学历。主要从事电能质量、新能源、网源协调检测技术与研究等专业工作。

履历资历

入职以来，秉持敢于担当、攻坚克难、学无止境、求真务实的工作作风，作为新能源技术室主管，负责并成立了电能质量与新能源攻关团队，2017—2021年间新能源技术室牵头完成并获省部级科技奖9项，参与完成并获省部级科技进步奖4项，牵头完成并获省公司级科技进步奖15项，职工创新、管理创新、QC等成果6项，带领团队屡创新高，斩获多项荣誉奖项，对创新型人才的培养发挥了关键性作用。

与此同时，还兼任四川大学、华北电力大学、电力行业电能质量及柔性输电标准化技术委员会、中国电源学会等多个单位专家（委员），荣获省公司级优秀专家人才、安全先进个人、优秀班组长、地市公司级工匠、先进工作

者、优秀共产党员等多项称号。

荣誉成就

　　获得省部级奖 8 项，省公司级 20 项奖，授权专利 22 项，公开发表论文 30 余篇，其中 EI 检索 3 篇，牵头制定行业标准 2 项和团体标准 2 项，参与制修订 IEC 标准、国标、行标、企标等 20 余项，负责或主要参与多个国家级、国家电网有限公司级项目课题研究，兼任四川大学、华北电力大学等高校硕士生导师，兼任电力行业电能质量及柔性输电标准化技术委员会、中国电源学会、中电联电能质量专委会等单位委员，荣获省公司级优秀专家人才、科技研发专业中级兼职培训师、安全先进个人、优秀班组长、地市公司级工匠、先进工作者、优秀共产党员等多项称号。

人物短评

　　具有较强的研究能力和强烈的独立思考精神，作为主要负责人，负责开展电能质量、新能源等领域课题研究，带领攻关团队推动研究进展，取得了令人瞩目的研究成果，为推动科研成果转化应用贡献了力量。

❧ 6. 高树国 ❧

个人情况

　　国家电网有限公司青年人才托举工程人选，国网河北电科院电力设备技术中心四级职员。2007年毕业于华北电力大学，高电压与绝缘技术专业硕士研究生学历。主要从事高电压与绝缘技术等专业工作。

履历资历

　　多年来一直坚持在一线开展电网设备检测、维护与诊断领域的专业研究和科技攻关工作，积累了丰富的现场经验，解决了变压器抗短路能力不足治理等多项技术难题。先后负责完成了各级科技项目20余项科技攻关项目，科技资金累计超过2000万元。近年来主要工作业绩：

　　2017年，主持"首个特高压输变电工程调试工作"项目，开展1000千伏保定变电站和邢台变电站变压器等主要电网设备的大型交接试验和1000千伏输变电系统的投运调试工作，在调试中发现多起设备缺陷，解决多项技术难题，确保特高压工程的顺利投运，有效解决了河北南部区域电量紧缺的问题。

　　2018年，主持"电网设备带电检测技术体系建立"项目，建立电网设备

带电检测技术体系，推动了新技术在电网中的广泛应用，实现电网设备状态的在线检测与诊断。

2020 年，主持"研发内置式电力变压器状态监测光纤传感器及系统"项目，开展电力变压器内置光纤多参量监测关键技术研究并实现成功应用，实现变压器状态综合评估与智能调控。

2022 年，主持"建立智能运检管控系统"项目，完成 220 千伏及以上在线监测数据接入与评估诊断，通过横向对比、历史趋势纵向分析等开展设备状态分析，自动诊断设备健康状况并发出预警信息，提高设备在线监测与主动预警能力。

电网生产工作方面，坚持工作在电网生产第一线，将先进技术应用到电网生产实践，在特高压建设、输变电设备运维方面成效卓著。利用深厚的理论基础和丰富的现场经验为河北南部电网各发供电企业提供设备缺陷与故障分析技术支持，先后参与了 220 千伏苑水变电站 1 号主变压器等上百次复杂缺陷的分析和诊断，深入分析了故障原因，制定了科学的治理策略，确保了输变电设备的安全稳定运行。

荣誉成就

共获得各级科技奖励 19 项，其中省部级科技进步奖励 8 项（一等奖 1 项、二等奖 2 项、三等奖 5 项），其中第一作者 21 篇（核心 12 篇、SCI 检索 4 篇、EI 检索 5 篇）；获得发明专利授权 23 项，其中发明专利 16 项（第一发明人 9 项）；参与起草电力行业标准 9 项，国家电网有限公司企业标准 6 项。

人物短评

在自身的专业领域，凭借着"不放弃、不服输"的精神，进行了大量创新性的探索和实践，虽遇到过困难，但其多项技术创新均获得了国际先进及以上水平，取得了显著的经济效益和社会效益，有力推动了本专业技术的进步和发展，为保证电力能源的安全可靠供应做出了突出的贡献。

7. 李国维

个人情况

国网河北省电力有限公司青年先锋，国网河北电科院材料技术研究所设备检测与维护专责。2009 年毕业于武汉大学，材料加工工程专业硕士研究生学历。主要从事电网材料技术监督、电站特种设备检验等专业工作。

履历资历

2018 年，在分析配网电缆接头事故中发现中间接头缺陷是导致电缆故障的主要原因，通过深入调研发现中间接头制作存在标准不全、工艺不精、装备不良三大痛点。经过理论研究，发现压接力对压接关系存在决定性作用，通过搭建试验平台，分析试验结果，成功研制了智能化电缆导体压接设备，并在国网石家庄供电公司 20 余项电缆工程中实践应用，将导体压接合格率提升至 100%，大幅降低电缆接头故障，提升供电可靠性。同时，使用该设备可降低培训时间 98%，缩短操作时间 65%，实现电缆施工提质增效。设备在国家电网系统内普及应用后，可产生巨大的经济效益和社会效益，为确保电力供应提供有力支撑。

　　参加工作以来，严格履行岗位职责，圆满完成各项工作。在专业技术方面，取得国家质监局超声检测、射线检测Ⅱ级证书，磁粉检测Ⅲ级证书，压力容器检验师、锅炉检验员资质，中电联金相、力学、光谱Ⅱ级证书。负责50余项新建、扩建220千伏及以上输变电工程金属专项技术监督检验工作。工作成绩受到委托单位的一致认可，累计获得企业级感谢信、解决重大技术问题确认表、紧急出动解决突发性技术难题确认表20余份。2020年，作为雄安新区电网建设全过程技术监督柔性团队成员，开展容东（剧村）220千伏输变电工程金属技术监督工作，有效确保了入网设备质量，为雄安新区电网建设提供有力技术支撑，工作成效受到国网河北省电力有限公司设备部与国网雄安供电公司的高度认可与赞扬。

荣誉成就

　　承担及参与科技项目10余项，发表论文10余篇，授权专利8项，获国网河北省电力有限公司科技成果奖励3项，国家电网有限公司青创赛一等奖1项，获国网河北电科院"杰出青年岗位能手""红色楷模""劳动模范"及国网河北省电力有限公司"冀电赶考先锋"等多项荣誉称号，2022年获评国网河北省电力有限公司"青年先锋"。

人物短评

　　扎根一线，挥洒汗水，思维敏捷，工作中总能够发现别人看不到的细节问题，并将其转化为创新的着力点，通过不断探索解决问题的途径和方法，找到理论与实践的结合点，在科技成果转化应用方面取得较好的成绩。

8. 梁博渊

个人情况

国网河北省电力有限公司青年先锋，国网河北电科院生产技术部基建调试管理专责。2011 年毕业于华北电力大学，电工理论与新技术专业硕士研究生学历。主要从事设备运营管理、基建调试以及电网全过程技术监督和物资质量检测管理等工作。

履历资历

自入职以来，先后配合国网河北省电力有限公司组织开展首届金属技术监督检测技能竞赛，完成国家电网有限公司带电检测装备检验比对能力评价，并多次参与编写国网河北省电力有限公司年度生产技术指标发布、输变电设备缺陷统计分析报告等工作；负责组织开展国网河北省电力有限公司系统输变电设备化学专项技术监督；作为国家电网有限公司专家，完成国网江苏省电力有限公司、国网冀北电力有限公司、国网天津市电力公司等资产全寿命周期管理体系评价审核工作；作为项目经理（牵头人）先后组织完成雄安 1000

千伏变电站三期扩建工程等 4 项特高压特殊交接试验及系统调试期间带电测试工作，参加 500 千伏沧西站、保沧站竣工验收技术监督；作为项目主持人、主研人，完成多项科技项目研究工作。

提出一种特高频局部放电检测电路，基于该关键技术开发了一套特高频局部放电带电检测装置，并通过检测。目前基于该技术的特高频局部放电检测装置已在河北南网数十座变电站进行广泛应用，在促进专业技术进步、提高变电站设备运行可靠性、保障安全生产等方面产生了显著的社会效益。

提出一种配电变压器盲样制作装置，实现全自动化盲样制作，消除了因为人工制作工艺不可控导致盲样质量参差不齐的现象，实现了配电变压器盲样制作规范化、标准化、制式化，有效避免因人为因素造成的盲样信息泄露，确保了盲样制作质量及保密性要求。该装置已申请相关专利，并于 2020 年获得专利授权，装置在雄安物资检储配一体化基地进行了应用。

荣誉成就

开展特高压变电站电气设备带电检测技术研究等多项科技项目研究工作，获得国网河北省电力有限公司科技进步奖（专利）一等奖 5 项，二等奖 2 项，三等奖 3 项，专利三等奖 1 项，青年创新创意大赛三等奖 1 项；获得发明专利授权 7 项；参与编写国家电网有限公司企业标准 1 项获得发布。先后获得国网河北省电力有限公司科技进步奖一等奖 5 项，二等奖 2 项，三等奖 3 项，获得发明专利授权 6 项。获得荣誉表彰：2022 年度国网河北省电力有限公司青年先锋；2021、2019、2018、2013 年度国网河北电科院先进工作者；2018、2016 年度国网河北电科院杰出青年岗位能手；2018 年度国网河北电科院优秀共产党员；2017 年度国网河北省电力公司全面质量监督先进个人；2016 年度国网河北省电力公司运检技术管理先进个人。

人物短评

　　思维活跃，思路开阔。在生产管理中提出了多种创新设想，并付之行动，在不断的创新中总结，在不断的总结中提升，最终创新成果得到了广泛应用，产生了显著的效果，展现了敢想敢做的勇气和锲而不舍的精神。

❧ 9. 罗 蓬 ❧

个人情况

　　国家电网有限公司青年人才托举工程人选，国网河北电科院科技部主要负责人。2012 年毕业于天津大学，电路与系统专业工学博士学历。主要从事变电网二次系统故障仿真及高可靠性运维技术研究、有源配电网智能化与数字孪生技术研究等专业工作。

履历资历

　　曾主持申报国网河北省电力有限公司首个省级重点实验室"能源互联网仿真建模与控制实验室"获批建设，作为主要技术人员承担河北省重点研发计划"基于电力物联网的分布式光伏群调/群控技术研究与应用""高比例新能源接入配电网协调优化度与故障快速处理关键技术与应用示范"，进一步强化在高比例新能源接入背景下的有源配电网仿真建模、调度协调、故障隔离、快速恢复等领域的技术支撑能力。在生产技术服务方面，深度参与沧州献县东 220 千伏新一代智能变电站示范工程以及雄安新区高可靠性配电网保护示范工程建设，促进实验室新技术在实际电网工程中的应用，确保二次设备的可靠投运与安全稳定运行，为二次系统运维检修新技术、新设备、新标准的应用和推广做出重要贡献。

近五年，先后主持或参与各类科技项目10余项，作为项目负责人和第一完成人，承担国网河北省电力有限公司重点科技项目"智能变电站全景信息集成技术研究及一体化测试设备研制"的研发工作，在变电站状态信息可视化、二次设备一体化测试等方面取得了多项技术突破，成功解决了变电站数字化、智能化技术变革带来的系统调试检测难题，荣获2016年度河北省科技进步奖一等奖；作为项目主研人，完成河北省输变电工程技术研究中心攻关项目"智能变电站调试技术变革与通用试验装备研制"，解决了智能变电站二次系统故障建模及可靠运维难题，获得河北省科技进步奖二等奖1项、国网河北省电力有限公司科技进步奖一等奖1项、专利一等奖1项；主持国网河北省电力有限公司科研项目"基于无线数据通信的智能变电站集成测试技术研究"，在智能变电站基建及改扩建工程中的各类功能验证和性能检测试验中发挥了重要作用，相关成果获得国网河北省电力有限公司科技进步奖二等奖、专利一等奖以及多项省级行业学会科技奖励。

荣誉成就

曾获国家电网有限公司青年人才托举工程人选、国网河北电力优秀专家人才、青年岗位能手、先进工作者等荣誉称号。近三年发表科技论文22篇，其中EI/SCI收录8篇；获国家发明专利授权12项，实用新型专利及软件著作权10余项；作为第一完成人获得河北省科学技术进步奖一等奖1项，获得国家电网有限公司级及国网河北省电力有限公司级成果奖励20余项。荣获中国电机工程学会颁发的"中国电力年度科技人物奖（优秀青年工程师奖）"，获批首批"石家庄人才绿卡（A类）"，担任燕山大学硕士研究生校外导师，获得国网河北省电力有限公司优秀专家人才、青年岗位能手、先进工作者、优秀班组长等荣誉称号。

人物短评

　　治学严谨、造诣精深，探索、践行"有源配电网智能化与数字孪生"等技术理论，推动电网可靠性与智能化发展。高瞻远瞩、精益求精，在变电站状态信息可视化、二次设备一体化测试等方面取得了多项技术突破，为高比例新能源接入背景下的有源配电网仿真建模、调度协调、故障隔离、快速恢复等领域，提供了技术支撑。

❧ 10. 常 杰 ❧

个人情况

　　河北大工匠、国家电网有限公司青年人才托举工程人选，国网河北电科院电网技术中心信息安全技术督查专责，五级职员。2012 年毕业于北京化工大学，信息与计算科学专业本科学历。主要从事电网信息安全工作。

履历资历

　　在网络安全方面，工作十年以来，先后入选国家电网有限公司网络安全红队和尖兵部队，组织国网河北省电力有限公司红队开展现场检查与渗透测试 130 余次，累计发现系统高危安全隐患 400 余个。现场参与全国两会、北京冬奥会、杭州亚运会、党的十九大、金砖会议等重要时期网络安全保障工作 30 余次，安全事件应急响应数十次。在国家护网演习和国家电网有限公司实战攻防演习期间，成功发现并阻截多起境内外黑客攻击，避免了国家电网有限公司数百万条数据泄露，有力地保障了用户数据安全，收到国网互联网部表扬信 4 封、网省公司感谢信 5 封。

　　在技术创新方面，自主研发的"非结构化数据库安全检测工具"和

"Hadoop 漏洞检测工具"实现了非结构化数据库和 Hadoop 大数据平台的信息收集与自动检测，该成果为国内首创，荣获了国网河北省电力有限公司职工技术创新三等奖和优秀成果奖，成果广泛应用于系统内实验室检测和各类安全检查中。与此同时，还有着个人的"技术绝活"，作为国网河北省电力有限公司网络安全专业技术带头人，多次在国家电网有限公司实战攻防演习中荣获个人前五名。成功发现某重要网络平台的重大安全隐患，避免了国家电网有限公司 68 万条员工敏感信息泄露；发现某系统存在未授权访问漏洞，可导致数百万条用户保单信息泄露等，有力地保证了用户数据安全。

作为国网河北电科院创新方面的"排头兵"，多次代表国网河北省电力有限公司参加各类高水平技能竞赛，获得 2018 年河北省网络安全技能竞赛一等奖、2019 年国家电网有限公司大数据应用暨信息运行和网络安全技能竞赛二等奖、2020 年全国网络与信息安全管理职业技能大赛三等奖、2021 年河北省职工职业技能大赛个人第一名、2021 年全国能源化学地质系统网络安全职业技能竞赛个人三等奖、第七届全国职工职业技能大赛决赛个人第七名。2023 年获全国电力行业质量管理小组交流活动一等奖，全国网络安全职工职业技能竞赛个人二等奖、团体一等奖，被中国职工技术协会授予"银牌技工"，个人事迹曾被中国新闻社、学习强国、河北新闻联播等数十家主流媒体报道。

荣誉成就

曾获河北省五一劳动奖章、河北大工匠、河北省新时代"冀青之星"、河北省技术能手、国家电网有限公司青年人才托举工程人选等荣誉称号 12 项。取得 SCI 论文、发明专利、技术标准等知识产权 30 项，多次代表国网河北省电力有限公司参加各类高水平技能竞赛，曾获河北省职工职业技能大赛个人第一名、第七届全国职工职业技能大赛决赛个人第七名等技能竞赛和各类科技奖项 16 项。

人物短评

　　刻苦钻研，勇于创新，深入开展基于人工智能的网络安全漏洞挖掘技术研究及应用，构建基于人工智能的网络安全漏洞挖掘系统，实现网络安全漏洞的自动化挖掘。紧随能源互联网建设脚步，开展基于区块链应用模式的可信身份认证关键技术研究和物联网固件安全检测技术研究，将物联智能终端固件安全纳入实验室检测范围，提升了能源互联网感知层网络安全防护水平。

11. 赵建利

个人情况

河北省"三八红旗手",国网河北电科院电源技术中心主任。2012 年毕业于河北工业大学,电气工程专业工学博士学历。主要从事数字孪生、人工智能、电力物联网、输变电智能运检相关领域技术攻关与工程实践等专业工作。

履历资历

主持国网河北省电力有限公司重点科技项目"输变电设备状态可视化智能管控关键技术研究及应用"的研发工作,攻克了输变电设备状态量数据传输、评价模型与评价标准、信息融合与可视化等多项技术难题,为运维部门提供一个全景、实时、多维、智能化的设备管控信息平台,提前防范设备运行风险,在运检全过程技术监督工作中发挥重要作用。项目获得河北省科技进步奖二等奖、国家电网有限公司科技进步奖三等奖和国网河北省电力有限公司科技进步奖一等奖。

近年来牵头或参与科技项目 10 余项,完成的"变电站直流电源高可靠性运行关键技术与设备研制""融合电力业务的通信网仿真关键技术研究及应用"等多项课题，获得省部级及行业级创新一等奖 1 项、二等奖 1 项、国网河北省电力有限公司科技成果一等奖 6 项、二等奖 3 项，获得省部级职工技术创新及管理创新二等奖 1 项、三等奖 3 项、国网河北省电力有限公司青年创新创意大赛银奖 1 项，相关成果创造直接经济效益千万余元，解决了基层一线实际问题，应用成效显著。

近三年，带领团队在"大云物移智链"数字化新技术方面精耕细作，取得多项突破性进展。一是发布电力行业首个《数字孪生电网白皮书》，创造性提出数字孪生电网技术架构，得到中国信通院能源数字孪生专委会、国网互联网部、河北省工信厅等系统内外部专家高度评价，为国网河北省电力有限公司数字孪生电网建设奠定坚实基础。二是揭榜首个河北省数字经济领域数字孪生方向重点研发项目并得到 240 万元政府专项资金支持，为加快新型电力系统数字化支撑体系建设进行有效探索。三是"电助双碳、链上控硫——基于区块链的六氟化硫减排管控平台"项目斩获中国区块链开发大赛全国总决赛一等奖，推动构建覆盖六氟化硫上下游企业的一体化减排管控生态体系，服务国家双碳行动。四是建成国网河北省电力有限公司人工智能"两库一平台"，全面纳管涵盖输变电等领域的 20 万余份图像样本数据，开展第三方人工智能模型评估与优化工作，研发并建成首家省级电科院智能监控装置一体化检测平台，开展近亿元装置高质量入网检测，提升了人工智能企业级应用实效。

荣誉成就

曾获河北省"三八红旗手"、河北省"三三三"人才工程第三层次人才、中国电机工程学会先进个人、国网河北省电力有限公司"创新明星""巾帼建功标兵""先进工作者"等荣誉称号，河北省劳模和工匠人才创新工作室学术带头人。累计申请国家发明专利 10 项，获得授权 2 项，登记软件著作权 2 项，发表论文 20 余篇（SCI2 篇、EI4 篇、核心 6 篇），编辑出版图书 2 部。鉴于全面创新工作成果，作为学术带头人的"源"创空间创新工作室 2021 年被河北省总工会命名为劳模和工匠人才创新工作室。

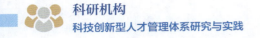

人物短评

　　多年来潜心一线生产业务，以巾帼不让须眉的英姿，持续开展人工智能模型训练、大数据、区块链等能源互联网技术攻关，相关成果有效解决了生产一线实际问题，为公司电网生产运行及数字化转型提供了可靠支撑。

❧ 12. 杨春来 ❧

个人情况

国网河北省电力有限公司青年先锋，国网河北电科院能源控制技术研究所五级职员。2012年毕业于华北电力大学，控制理论与控制工程专业硕士研究生学历。主要从事热工控制、储能控制等专业工作。

履历资历

自入职以来，积极进取，勇挑重担，锤炼专业技能，深耕科研一线。先后参与7台火电机组调试并多次担任专业负责人，持续围绕储能控制与应用技术开展科技攻关，完成三方面的科研成果，取得巨大的社会经济效益，做出卓越的突出贡献。

一是针对配电网末端分布式光伏接入导致的电压越限、光伏脱网等难题，牵头开展分布式光伏与储能协调控制技术研究，提出了基于滚动时域全局优化的多源功率协调控制技术，研制了光储协调控制器等系列装备，实现了光储多目标经济优化运行，成果在平山进行应用验证，并获得河北省技术发明三等奖。

二是针对超级电容、锂电池混合储能协调控制技术开展技术攻关，提出了储能变换器功率环双模式控制方法，研制了混合储能协调控制装置，可有效提高微电网电能质量和运行可靠性，成果获得中国电力建设科技进步奖二等奖。

三是围绕分布式储能布局分散、统一控制难的问题，提出了基于K-means++算法的分布式储能多源协同控制技术，研制了储能节点控制器，开发了分布式储能云平台，实现广域范围分布式储能统一控制，为参与电力辅助服务奠定了技术基础。

工作中传承工匠精神，牵头完成河北省重点研发计划立项，开展分布式调相机与储能协同控制技术研究与样机研制；牵头完成楼宇智能照明系统研发，自主研制智能网关、智能传感等装备，并量产应用1万套。

荣誉成就

先后参与7台火电机组调试并多次担任专业负责人；承担科技项目15项，其中国家电网有限公司级（省部级）5项；授权发明专利8件；发表论文17篇，其中SCI/EI检索6篇；获科技奖励8项，其中省部级2项。获河北省技术发明奖三等奖、中国电力建设科技进步奖二等奖。曾获评"河北省电工技术学会优秀科技工作者"、国网河北电科院"先进工作者""工匠""青年先锋"等荣誉称号。

人物短评

勇攀科研高峰，围绕分布式光伏与储能协调控制、混合储能协调控制等难题，夜以继日攻关，研究技术路线和控制策略，研制了光储协调控制器等成果并推广应用，并作为专业负责人圆满完成锦界三期两台机组实现APS整套启动任务。

13. 刘清泉

个人情况

　　国家电网有限公司青年人才托举工程人选、国网河北省电力有限公司青年先锋，国网河北电科院电网技术中心继保及自动化技术室主管。2013年毕业于华北电力大学，电力系统及其自动化专业硕士研究生学历。主要从事电网保护与控制等专业工作。

履历资历

　　2019年，负责张北柔性直流电网示范工程投运前向量检查试验工作，助力世界上电压等级最高、输送容量最大的柔性直流工程顺利投运，为低碳绿色冬奥提供强力支撑。2020年负责石钢搬迁项目变电站投运前保护向量检查试验，首次解决了行业内高阻抗变压器向量检查难题，有力促进河北省重点项目按期完成。深度推进人工智能技术与变电站现场运维融合，提出了二次智慧运维新模式，实现多源数据泛在共享与智能互联，有力支撑雄安数字化主动电网建设。工作中有三方面能力较为突出，为今后的创新奠定了基础：

一是成果转化，支撑雄安新区建设。首创适用于主动电网的二次系统向量智能校核装置，能够在配电网投运前精准快捷完成二次系统向量正确性校核，大幅缩短投运时间。该成果成功应用在雄安首座 220 千伏变电站——剧村变电站的投运中，得到国网河北省电力有限公司高度认可，并获中国电力企业联合会职工创新二等奖。

二是技术融合，获得丰硕创新成果。提出了"基于物理模型的二次智能运维技术"，该技术通过开展二次系统多维度建模应用研究，开创电网二次系统业务在大数据、人工智能等技术深度应用新模式，为二次智能运维领域开辟一条新的思路。

三是开拓探索，持续强化专业提升。瞄准新型电力系统下有源配电网建设，投身"基于 5G 的配电网继电保护示范工程建设"研究，研发基于数字孪生技术的二次智慧运维系统，深入推动电网数字化转型。

荣誉成就

先后荣获中国电力企业联合会职工技术创新二等奖、国网河北省电力有限公司科技进步奖一等奖等 10 余项科技奖励。个人先后荣获国家电网青年托举人才、国网河北省电力有限公司青年岗位能手、河北省电机工程学会优秀科技工作者、国网河北省电力有限公司青年先锋、国家电网有限公司青年先锋号等荣誉称号。2023 年国家电网有限公司级青年托举人才，国网河北省电力有限公司青年先锋，国网河北省电力有限公司五四青年岗位能手，河北省电工技术学会优秀科技工作者荣获河北省科技进步奖 1 项，中电联职工创新二等奖 2 项，国网河北省电力有限公司科技进步奖 3 项。授权发明专利 6 项，发表核心期刊论文 12 篇。

人物短评

立足本职工作，深入生产现场和科研一线，面对变电站投运初期负荷组织困难、保护向量检查无法进行等一系列难题，完成了第三代向量检查系统的研发与应用，为项目如期交付，安全运行等提供了支撑保障。工作一丝不苟，对实际问题端正严谨，确保研究结论准确性的同时，也能够从实际出发，考量一线实际需求，让科研成果致力解决实际问题，为变电站投运等工作做出了贡献。

❧ 14. 刘 杰 ❧

个人情况

　　国网河北省电力有限公司青年先锋，国网河北电科院电力设备技术中心输电技术研究室主管。2013 年毕业于华北电力大学，高电压与绝缘技术专业硕士研究生学历。主要从事输电线路运检技术相关研究等专业工作。

履历资历

　　针对复合绝缘子老化后伞套材料——硅橡胶性能与其老化状态不一致的问题，创新性提出一种基于材料全寿命周期老化演变过程的复合绝缘子老化状态评估方法，以硅橡胶材料现有表观性能、自然老化演变量和人工加速老化演变量三类性能的 18 类参量实现了复合绝缘子老化状态的精准评估，并建立了基于 5 类参量的复合绝缘子老化状态费舍尔函数模型，通过 51 个现场样本对评估结果进行验证，与 18 类测试参量的聚类分析结果对应性高达 90% 以上。相关成果已在在运复合绝缘子抽检工作中进行应用，并申请 8 项国家专利（已授权 4 项）、1 项 PCT 专利，真正做到在一线中发现问题，再将研究成果应用于一线，取得巨大的社会经济效益。

作为技术骨干完成线路参数调试、系统调试、带电检测等试验及技术监督百余次，组建了绝缘子、复合横担检测实验室，作为第一完成人完成的"复杂环境下输电线路绝缘防护关键技术、系列产品及应用"项目被雷清泉院士高度评价，并获河北省科技进步奖二等奖（2022 年公示）。借调国网雄安供电公司期间，负责"王家寨绿色智能微电网示范工程"示范项目的具体实施，结合当地地理条件，从技术层面出发，对项目建设方案不断优化，保障了项目顺利建成投运。

荣誉成就

获河北省科技进步奖二等奖 1 项、三等奖 3 项；以主研人身份承担国家重点研发计划 1 项、其他科技项目 10 余项，编制标准 6 项，出版专著 2 部、发表论文 22 篇（中文核心及以上 16 篇），获发明专利授权 8 项、受理 25 项（前三发明人 19 项），获科技奖励 8 项。

人物短评

专业知识丰富、技术能力突出，承担雄安"王家寨绿色智能微电网示范工程"项目，体现了对电网生产运行的深入理解，体现了严谨的科研态度、对知识强烈的渴望以及科研创新精神，为开展科技创新工作带来了新的视角和方法，创造了新的思路和举措。

15. 郭少飞

个人情况

国网河北省电力有限公司青年先锋，国网河北电科院电网技术中心二次设备技术监督室主管。2013 年毕业于华北电力大学，电力系统及自动化专业硕士研究生学历。主要从事电网技术中心二次设备技术监督、火电机组基建调试等专业工作。

履历资历

自参加工作以来，便深入生产一线，先后完成了多个大型电源调试工程建设项目。2019 年主创的国网河北省电力有限公司十佳职工技术创新成果——"大容量、全自动集成的负荷模拟式继电保护向量检查试验系统"，在第一代与第二代负荷模拟式继电保护向量检查试验系统技术路线的基础上，对已有试验系统分别在集成化、自动化、容量提升等方面进行了技术研发和改进，设计出第三代产品，该成果采用模块化集成技术，一个集装箱整柜囊括了所有的设备单元和附件，通过集中控制 PC 机，实现了试验全过程的自动化开展。该成果在河北南网 2 座特高压站先后进行了推广应用。在安全效益方面，该成果全程监控试验过程和工况，提高了试验的安全可靠性，以及试验过程中安全风险的可控性。社会效益方面，该项成果的推广有效提高工程投运效率、降低设备不安全运行风险。为一线工作提供了极大的便利，提高了工作质量与效率，也为安全生产添加了一道保障。

在省调技术支撑与技术监督工作方面，自 2021 年开始持续开展变电站春检与秋检继电保护标准化作业现场检查工作，有效提升继电保护检验质量，保障作业现场安全。2022 年牵头组织开展并网电厂继电保护管理提升专项活动，助力强化厂网三道防线。2022 年 9 月至今在国网雄安供电公司调控中心挂岗锻炼，负责厂站二次班组管理、继电保护装置管理工作；作为工作负责人圆满完成剧村变电站—河西变电站首检重点工作；2023 年 5 月上旬驻站值守圆满完成国网河北省电力有限公司重大活动保电任务。

荣誉成就

先后获得国网河北电科院青年岗位能手、先进工作者、劳动模范、青年先锋，国网河北省电力有限公司青年先锋，国网河北省电力有限公司调控中心二次系统标准化作业先进个人，2023 年度全国电力运维之星等多项荣誉称号。作为主要完成人获国网河北省电力有限公司科技成果一等奖 2 项、二等奖 1 项，国网河北省电力有限公司专利奖二等奖 2 项、三等奖 2 项，河北省企业管理现代化创新成果二等奖 1 项，国网河北省电力有限公司十佳职工技术创新成果奖 1 项，中国电力企业联合会职工技术创新二等奖 1 项。发表科技论文 17 篇（其中核心期刊 6 篇，EI 检索会议 5 篇），编写合著 1 部，授权专利 11 项，参与编制能源行业标准 1 项。

人物短评

踏实肯干，任劳任怨，始终以不懈的努力和执着的追求，奋斗在二次设备技术创新领域，成为二次设备技术领域独当一面的优秀人才。他的成就不仅源于自己的才华和智慧，更源于他的勤奋和辛勤工作。

16. 李天辉

个人情况

　　河北省青年岗位能手、国网河北省电力有限公司级电力工匠，国网河北电科院电力设备技术中心副主任。2014年毕业于西安交通大学，电气工程专业工学博士学历。主要从事电力设备状态检测与故障诊断技术等工作。

履历资历

　　全程参与特高压站基建运维，作为负责人发现7起1000kV GIS重大缺陷。全面支撑一次设备现场试验与运行分析，完成生产任务300余次，发现设备缺陷150余项，分析设备故障31起。协助国网河北省电力有限公司专业管理，高标准高质量完成专项支撑任务20余项/年，累计编制各类报告百余份，获国网河北省电力有限公司领导高度评价。负责管理特高频检测仪检验实验室，累计发现不合格产品13台，获河北电力安全生产专项奖。负责完成国庆70周年保电、雄安重大政治活动保电等多项重要生产任务。获河北省青年岗位能手、新时代"冀青之星"，国家电网有限公司优秀共产党员，全国工人先锋号等荣誉16项。

工作中注重技艺的传承与学术交流，发挥着模范引领作用。作为 CSEE 高电压专委会青年学组成员，受邀在国内外学术会议、高校等作学术报告 8 次（特邀 3 次），增进成果分享，提升了河北电力国际学术形象。注重经验分享，作为杰出代表在国网河北电科院建院 60 周年庆典发言；在电科大讲堂为国网河北省电力有限公司总经理授课；依托支部共建、线上课堂等多次为兄弟单位及国网河北电科院新员工、青年员工分享成长经验；还被作为典型制作成国网河北省电力有限公司校园招聘视频广泛宣传。注重传帮带，作为青创指导专家指导院项目参赛，获一金一银一优秀；师带徒 2 名，兼任华电研究生导师，增进技能传承。

荣誉成就

获河北省技术发明二等奖等省部级各类科技奖励 20 项，8 项取得国网河北省电力有限公司历史性突破。以第一作者身份发表中文核心以上论文 37 篇，授权发明专利 26 件，参编国际标准 2 项，出版专著 2 部，被国网河北省电力有限公司挂牌授予"国家电网李天辉青年创新工作室"，带领团队获中华全国总工会"全国工人先锋号"。

人物短评

自工作以来，稳扎一线，勇做先锋，为河北特高压建设、设备安全运行做出了突出贡献。持续钻研，创新突破，传承国网河北电科院优良传统，深入开展科研创新和技术攻关工作，是国网河北省电力有限公司科技创新领域的青年榜样。

❧ 17. 孙 路 ❧

个人情况

国网河北省电力有限公司青年先锋，国网河北电科院电力设备技术中心无功设备状态评价技术专责。2014年毕业于上海交通大学，电气工程专业硕士研究生学历。主要从事变压器等设备的状态感知和性能评估方面的研究等专业工作。

履历资历

从事工作以来，兢兢业业，屡创新高。参与"电力变压器内置光纤多参量监测关键技术及应用"成果的研发培育，负责研究传感器及光纤在变压器油中的电、热老化机理和规律，该成果突破了材料、工艺、信号处理等多项核心技术，形成具有自主知识产权且指标全面领先的系列化光纤传感器及监测系统，研制出内置光纤多参量监测智能变压器，对一线工作的质量与效率有很大提升，取得了巨大的社会经济效益。

作为负责人组织实施了包括1000千伏特高压保定站、邢台站主设备交接试验、河北南网各大发电集团高压设备交接试验、常规预防性试验等近百项现场生产工作，完成 1000 千伏特高压邢台站高压电抗器局部放电异常等多项故障分析，为国网河北省电力有限公司设备运维管理提供技术支撑。与此同时，也曾承担过 2 项国家电网总部项目和 2 项国网河北省电力有限公司科技项目的研发工作，取得多项原创技术成果，代表着该领域的最高水平。

荣誉成就

近三年获得河北省科技进步奖二等奖 1 项、中国电力科学技术进步奖三等奖 1 项、电力创新一等奖 1 项，河北省科技进步奖二等奖两项、国家电网有限公司技术发明二等奖、中国电力科技进步奖三等奖，获得发明专利授权 12 项，发表科技论文 8 篇，其中 SCI、EI 检索收录 2 篇，编写行业标准 1 项，国家电网有限公司企业标准 1 项。

人物短评

具有较强的创新思维和科研能力，在电力系统自动化、高电压技术、电力工程等特高压领域体现了较高的技术研发水平。在科研中勇于创新攀登，参与研发的电力变压器内置式状态监测光纤传感技术，曾被中国科学院陈维江院士评为"国际先进水平"。

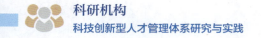

附　录　A

青年创客联盟建设工作方案

一、建设目标

以推动青年员工创新，服务青年成长成才为目标，统筹利用公司系统创新资源，成立青年创新联盟，聚焦泛在电力物联网230工程，围绕雄安新区规划、大数据应用、"互联网＋"等前沿科技和应用，充分挖掘青年员工各种发明、创造和革新，鼓励青年立足岗位解决工作中的实际难题，为青年员工展示创新创意梦想搭建舞台，努力构建开放共享、协同高效、共创共赢的青年创新平台。

二、机构职责

负责"青年创客联盟"的日常管理；检查、指导"青年创客联盟"建设工作；组织成果发布；积极向上级申报创新成果；对"青年创客联盟"年度创新项目进行立项评审、成果验收；每年评选表彰一批"创客达人""优秀创客团队""优秀创新成果"。

三、建设路径

以"五位一体"为建设路径，即组建一批队伍、搭建一个平台、建立一套机制、形成一批成果、树立一个品牌。具体内容如下。

（一）组建一批团队

青年创客联盟下含多个"青年创客"团队，本着自主报名、部门推荐、择优选拔的原则，从专业部门选择技术过硬、有创新精神的 40 岁以下青年员工组成"青年创客"团队。"青年创客"团队要有鲜明的研究方向，要围绕电力物联网 230 工程、雄安新区规划、大数据应用、"互联网＋"等前沿科技开展应用。集结团队智慧资源，"青年创客"团队可跨专业组建，通过跨专业联合攻关、专项研究，为青年创客联盟提供智力支持。

（二）搭建一个平台

建设"青年创客联盟"活动场所，为青年创新创意工作提供活动平台和交流空间。由学习研讨区、成果展示区组成。该场所为青年创客联盟开展"头脑风暴"的会议与交流场所，配备会议桌、电脑、投影仪等设备设施，创造适合研讨与交流的环境。

（三）建立一套机制

建立"培、孵、创、评"四步青年创新工作机制。"培"即开展创客沙龙、创客讲堂、创客行等各类创新培训活动，邀请公司内外管理、技术专家作为创客导师，为青年员工量身定制创新培训套餐。"孵"即引导青年员工在工作中进行创新性思考，围绕泛在电力物联网 230 工程、雄安新区建设、大数据应用、"互联网＋"等方面实际需求，提出"奇思妙想"，开展创新课题挖掘，并与中国电力科学研究院有限公司、国网雄安供电公司开展合作，对课题研究范围和主要内容进行完善，形成聚焦电力发展前沿、引领重点技术方向的高水平创新项目孵化池。"创"即项目研究采取"主题创客营"的模式，围绕孵化池中的创新课题，确定每项课题的启动时间，逐一成立主题创客营，组织开题发布，介绍课题方向和研究思路，项目发起人根据需要组织主题创客营开展集中和专题研讨，研究解决项目推进过程中存在的问题。"评"即开展成果集体评估。组织由青年创客团队和内外专家联合组成的评审组，对各青年创客团队的创新成果进行评估分析，提出修改意见，提升成果的创新性和

成熟度。

（四）形成一批成果

通过"青年创客联盟"建设，培养一批青年创新人才、储备一批优秀创新创意项目、孵化一批不同层级不同专业领域应用的优秀成果，形成"青年创客联盟"人才库、智慧库、项目库和成果库，构建智慧众筹共创共建共享的青年创新生态体系。

（五）树立一个品牌

将"青年创客联盟"建设与国网河北电科院党建工作有机结合，打造"党建＋青年创客联盟"的良好局面，注意发现亮点、培育典型，总结推广好的经验和做法，积极宣传创新成果和青年创新人才优秀事迹，打造有国网河北电科院特色的青年创新品牌。完善创新激励，每年评选表彰一批"创客达人""优秀创客团队""优秀创新成果"，激发青年创新热情，营造青年创新工作的浓厚氛围。

四、工作要求

（一）完善制度，规范管理

建立工作制度和成果考评制度，吸收技术强、业务精、具有丰富实践经验和创新潜能的青年参与。有知识结构和年龄结构合理的团队，有相对固定的活动场所和经费保障，有健全完整的规章制度，有显著规范的标志。

（二）注重结合，相互促进

将"青年创客联盟"建设与青年创新工作室的建设工作统筹安排，共同推进。发挥青年"创客空间"建设对于创建青年文明号、管理创新活动的互相带动作用。与科技进步工作相结合，做好项目的选题、申报和实施工作，提高创新成果的科技含量。与职工技术创新竞赛活动相结合，组织和引导广大青年员工积极参与职工技术创新实践。

（三）有序推进，务求实效

增强"青年创客联盟"建设的针对性和实效性，不做表面文章，杜绝单纯追求数量。搭建交流平台，促进相互学习交流，避免选题重叠，降低研发成本。促进创新成果的转化和应用，尊重和保护青年"创客空间"建设的智力成果，通过线上展示、线下推广等方式，推动优秀创新成果推广运用。

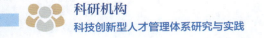
附　录　Ｂ

高级技术岗待遇标准实施方案

为大力推进人才强企战略，营造高端人才脱颖而出的良好氛围，进一步激发广大员工干事创业热情，充分发挥高端人才作用，结合工作实际情况，经党委会研究决定，对做出突出贡献的员工，设置"高级技术岗"待遇，具体如下。

一、基本条件

1. 拥护党的路线方针政策，自觉践行社会主义核心价值观，有强烈的事业心和责任感。

2. 取得副高级及以上专业技术资格。

3. 现从事且累计从事本专业技术工作 5 年及以上（博士学历员工可放宽至 3 年），精通本专业理论知识，实践经验丰富。

4. 近 3 年绩效等级积分累计达到 5 分及以上，且上年度绩效考核结果为 B 级及以上。

5. 近 3 年内无违规、违纪行为，没有发生过直接责任的安全生产事故，无重大失误或造成不良影响。

二、业绩条件

除上述基本条件外，还应具备相应业绩条件。

1. 对于就业学历为博士研究生的员工，近 3 年还应取得以下业绩中两项：

（1）主持（或作为排名前三的主要技术人员）完成科研工作获得中国电力、国家电网有限公司、河北省科学技术奖三等奖及以上 1 项；

（2）主持（或作为排名前三的主要技术人员）完成科研工作获得国网河北电力科学技术一等奖 2 项；

（3）作为第一作者和通信作者发表 SCI、EI 期刊论文 3 篇，或其他中文核心期刊论文 6 篇；

（4）作为主编出版 20 万字以上专业相关论著 1 部；

（5）主持（本单位排名第一）制定行业级及以上标准 1 项；

（6）作为主创人（或排名前三的主要技术人员）取得发明专利授权 4 项。

2. 对于就业学历为硕士研究生、大学本科的员工，近 5 年还应取得以下业绩中两项：

（1）主持（或作为排名前三的主要技术人员）完成科研工作获得中国电力、国家电网有限公司、河北省科学技术奖三等奖及以上 1 项；

（2）主持（或作为排名前三的主要技术人员）完成科研工作获得国网河北电力科学技术一等奖 2 项；

（3）作为第一作者和通信作者发表 SCI、EI 期刊论文 4 篇，或其他中文核心期刊论文 8 篇；

（4）作为主编出版 20 万字以上专业相关论著 1 部；

（5）主持（本单位排名第一）制定行业级及以上标准 1 项；

（6）作为主创人（或排名前三的主要技术人员）取得发明专利授权 5 项。

（7）担任大型电源基建工程调试项目经理 1 次或副经理 2 次。

三、"高级技术岗"待遇

对于符合以上条件的员工，执行"高级技术岗"待遇，在部门没有高级岗的情况下，参照高级岗执行相关待遇。

附 录 C

专业人员下基层锻炼工作方案

一、指导思想

以习近平新时代中国特色社会主义思想为指引，围绕国网河北省电力有限公司"三高六强"工作思路，坚持"一红二真四正"发展导向，立足国网河北电科院"三基地、一纽带"发展定位，落实"三全一创"人才计划工作要求，深入推进员工队伍建设，持续激发全员活力，坚持"六个相统一"，努力做到"六个争当"，为全面建成一流科技创新型企业提供人才保障。

二、实施目标

按照深入基层、讲求实效的原则，通过深入开展专业人员下基层锻炼活动，积累丰富现场实践经验，拓宽员工学习成长通道，努力把现场实践打造成锻炼员工、促进成长的平台，不断增强员工专业能力和业务素质，为持续推进国网河北电科院技术支撑和科技创新"两大任务"、助力新型电力系统建设提供坚强人才支撑和智力保障。

三、锻炼人员及组织方式

人员范围：各专业部门 40 周岁及以下员工。

锻炼形式：结合国网河北省电力有限公司内外部实践锻炼、国家能源集团邯郸热电"退城进园"基建调试工程等重点工作，组织专业人员积极参与基层一线生产现场实践锻炼。对不涉及调试工作的专业人员或未参加国网河北省电力有限公司内外部实践锻炼人员，由人力资源部牵头，组织各专业部门联系各供电公司、超高压、信通公司等单位对口工区，生产技术部等相关部门配合，在春、秋检等具备现场锻炼条件期间选派专业人员赴基层一线生产现场进行实践锻炼。根据专业人员下基层锻炼工作需要，期限为 2～8 周，期满返回原岗位工作。

四、工作安排

（一）制定专业人员下基层锻炼工作计划

围绕全面建成一流科技创新型企业奋斗目标，聚焦各专业部门中心工作，结合专业发展及员工成长需要，提前谋划复合型、专业性实践锻炼岗位和工作场景，面向部门内 40 周岁及以下员工合理制定下基层锻炼工作计划，明确锻炼单位、工作内容、锻炼期限和预期目标，鼓励各部门负责人、主管带队参加下基层实践锻炼。2023 年，要求不少于 30%专业人员参加下基层锻炼活动；2024 年，参加下基层锻炼专业人员不少于 70%；2025 年，参加下基层锻炼专业人员应达到 100%。各专业部门于 2 月 17 日前将专业人员下基层锻炼工作计划表报送至人力资源部，人力资源部将结合锻炼需求，提前谋划国网河北电力内外部实践锻炼专业及推荐人选。

（二）认真开展专业人员下基层锻炼工作

各专业部门根据专业人员下基层锻炼工作安排，严格按计划组织专业人员积极到基层一线生产现场进行实践锻炼，锻炼前一周将部门负责人签字确认后的专业人员下基层锻炼工作备案表报送至人力资源部备案。实践锻炼期间，锻炼人员严格执行锻炼单位劳动纪律并服从工作安排，积极主动参加现场实践，定期与本部门进行沟通汇报，锻炼期间符合规定的差旅费用由国网河北电科院报销。各专业部门及时了解锻炼人员工作、生活需协调的事宜，由相关部门负责协调解决。

（三）强化专业人员下基层锻炼过程监督

锻炼人员到岗后要积极了解所在单位部门工作内容及要求，结合自身工作经历、综合素质等情况，量身定制个性化锻炼方案，明确锻炼期间工作指导人，到岗一周内将部门负责人审核签字后的专业人员下基层锻炼工作方案报送至人力资源部。专业部门应主动与锻炼单位积极沟通，严格组织纪律，共同做好锻炼人员管理，确保锻炼期间人身安全。人力资源部将根据专业人员下基层锻炼备案情况，依托钉钉打卡等监督手段，定期对各专业部门实践锻炼情况进行检查考核。

（四）做好专业人员下基层锻炼工作总结

锻炼人员锻炼期满后，应按计划返回原岗位工作，各专业部门和锻炼单位要对锻炼人员工作情况按照"优良中差"出具评价意见，认真做好下基层锻炼工作总结，返岗三日内将部门负责人签字确认后的专业人员下基层锻炼返岗情况表、专业人员下基层锻炼工作总结鉴定表报送至人力资源部。各专业部门要及时组织锻炼人员结合全员培训师、电科大讲堂等培训活动，面向全院或部门内员工做好下基层锻炼工作经验交流与分享。

五、管理要求

（一）加强组织领导

各专业部门高度重视，充分认识专业人员下基层锻炼工作的重要意义，切实加强对下基层锻炼工作的组织领导，结合部门实际，统筹安排，精心组织，让全体员工在锻炼过程中积累现场经验，更好促进科研创新。

（二）强化人员管理

专业人员下基层锻炼期间，各专业部门要积极做好沟通联系，指派专人负责联络，确保锻炼期间人身安全。锻炼人员原则上不准请假，确需请假的需经派出部门和锻炼单位批准后方可办理。

（三）落实监督考核

根据工作要求，人力资源部将对各专业部门下基层锻炼工作开展情况进行监督，强化锻炼期间打卡检查力度，并对各专业部门下基层锻炼工作完成率及锻炼效果进行部门业绩考核激励，确保下基层锻炼工作取得实效。

附　录　D

博士后工作站培养管理方案

一、博士后人员进站管理

（一）博士后人员招收

博士后招收工作实行统一计划管理，由国网河北省电力有限公司人资部编制下年度博士后人员招收计划，上报国家电网有限公司人资部审批。根据国家电网有限公司审批的招收计划，国网河北省电力有限公司人资部组织开展资格审查、进站考核等招收工作，对符合招收条件的博士后，按规定办理博士后人员进站手续。

（二）签订三方联合培养协议

按照优势互补、互惠互利、平等自愿的原则，博士后工作站、流动站、博士后人员签订三方联合培养协议，明确各方权利义务、工作目标、课题要求、在站期限、成果及知识产权归属、保密条款、违约处罚等事宜。

（三）签订劳动合同

博士后人员进站后与国网河北电科院签订劳动合同，期限一般为两年。

二、博士后人员在站管理

（一）确定课题开展研究

博士后正式进站两个月内须确立研究课题并完成研究项目立项报告，为保证博士后进站后科研工作顺利开展，由高校博士后流动站和公司博士后工作站分别指定导师共同组成博士后专家指导小组，负责博士后人员在站期间的科研指导和定期检查考核。

（二）在站期间考核

为充分调动博士后人员工作积极性，保证高质量完成科研项目工作，博士后人员考核采用日常考核与定期考核相结合的方式。

一是日常考核。包括劳动纪律、出差管理等。博士后人员严格按照国网河北电科院考勤管理细则执行。工作期间出差应填写出差任务书，经所在部门主要负责人同意后方可外出办公，出差期间的住宿费、交通费、伙食费、公杂费等按照国网河北电科院正式职工相关标准执行。

二是定期考核。包括进站考核、中期考核。进站考核为博士后正式进站两个月内须确立研究课题并完成研究项目立项报告，未按计划完成者，经公司批准，予以退站；中期考核一般在进站一年左右进行，延期不得超过三个月，博士后人员需提交博士后科研项目中期研究报告，考核内容主要为科研项目进展情况、阶段性创新科研成果及科研能力等。

三、博士后人员出站管理

（一）博士后人员出站申请

博士后期满出站前，须向国网河北电科院人资部提出书面申请，提交博士后研究报告和博士后工作总结等书面材料。对满足博士后工作站出站条件的博士后人员，经公司核准后，按国家有关规定报河北省博士后工作管理委员会办公室批准。

（二）博士后人员出站考核

博士后人员工作期满，由国网河北电科院组织召开出站考核评审会，对博士后人员在站期间政治思想、学术水平、业务能力、研究成果等进行评议，形成考核意见。考核等级分为"优秀""良好""及格""不及格"四个等级，结果为"及格"及以上方可出站。出站考核结果为"不及格"的博士后应制订整改计划，经审批后进行整改，并在 6 个月内改进研究成果及报告，再次申请出站，经考核后仍不及格的，作退站处理。自联合培养协议期满之日起，修改报告期间工作站不再负责其工资、生活补贴等福利待遇。

（三）博士后人员就业

博士后人员出站就业实行双向选择、自主择业。出站考核为"优秀"和"良好"且有意愿留用的，由国网河北省电力有限公司人资部报国家电网有限公司人资部核准后直接续签劳动合同；"及格"且有意愿留用的，经国网河北省电力有限公司试用半年并考察同意，报国家电网有限公司人资部核准后，续签劳动合同；国网河北省电力有限公司内部在职脱产博士后人员出站后回原单位工作；"不及格"的予以退站，不再续签劳动合同。

附　录　E

科研创新柔性团队建设实施方案

一、工作目标

　　围绕公司发展战略，以"专业聚合、创新发展"为目标，充分发挥组织优势，凝聚各专业机构技术力量和优秀专家人才，围绕重大科技攻关项目等组建跨部门、跨专业柔性团队。打破组织界限和专业壁垒，加强团队建设和运行管理，创新团队考核和激励机制，促进专业集聚、人才汇聚、智慧凝聚，加快培育具有丰厚知识积淀、前沿攻关能力的高端人才、实战专家，为一流科技创新型企业建设提供坚强组织和人才保障。

二、实施方案

（一）建立工作例会机制

　　每年初，工作小组围绕公司战略部署和年度重点工作，以目标任务为导向，确定本年度柔性团队工作任务清单，经院长办公会审议通过后发布。原则上，柔性团队任务为公司负责的跨部门、跨专业协同的科技立项研究项目，立项以正式文件为准，任务结束以发文单位组织通过验收为止，不得与中长期激励项目重叠。

　　每季度末，工作小组对本季度柔性团队工作实施情况进行跟踪评估，听取任务进展、讨论存在问题、解决资源需求，保障工作顺利推进。管理办公室对团队开展季度考核，并通报团队成员季度考核结果。

　　根据工作任务需要，经院长办公会审议后，可增补柔性团队。

（二）团队组建机制

1. 任务分类

依据任务层级、难易程度等分为两类，其中：

Ⅰ类：国家级项目，原则上成员不多于 15 人。

Ⅱ类：国家电网有限公司、省部级项目，原则上成员不多于 10 人。

2. 成员选用

柔性团队实行团队负责人负责制，团队负责人由任务牵头部门推荐，职能部门原则上不得牵头承担任务；团队成员为公司员工，选拔可采用"点将制＋竞聘制"相结合的方式，由团队负责人审核挑选，形成建议人选名单。团队人员名单报工作小组审核，经院长办公会审议通过后发布。原则上团队成员上年度绩效考核不得低于 B 级，牵头部门参与人数一般占团队总人数的 50%～70%。为保障柔性团队任务的顺利推进，一名员工在每年最多参与 2 个柔性团队任务，且不得在 2 个任务中同时担任团队负责人。

3. 角色划分

团队负责人根据团队成员工作能力、工作经历、分工安排、投入时间等划分工作角色，包括核心成员、重点成员和一般成员，报工作小组审议通过。

三、绩效考核

（一）签订绩效合约

团队组建后，由工作小组和团队负责人讨论签订团队业绩考核责任书，由团队负责人和团队成员讨论签订团队成员绩效合约，明确工作任务、工作目标、任务期限、进度安排、考核方式、考核周期、各方权重等。

（二）确立指标体系

采用目标任务制对团队、团队负责人和团队成员开展考核评价。团队考核内容主要包括任务完成情况、工作成果、效益价值等，由工作小组进行评价；团队负责人和成员考核内容主要包括工作业绩、工作态度、工作能力、加分项等，其中团队负责人考核由工作小组、团队成员评价，分别占比 60% 和 40%，团队成员由团队负责人考核评价。

（三）实施团队考核

团队任务采用"季度＋结项"考核方式，季度考核权重占 40%，结项考核权重占 60%，即团队（个人）考核最终得分＝Σ各季度团队（个人）考核得分/季度考核次数×40%＋团队（个人）结项考核得分×60%。

根据团队考核最终得分，划分为 4 个等级，其中 90～100 分为"优秀"、80～89 分为"良好"，60～79 分为"合格"，60 分以下为"不合格"。对于未完成任务目标或延期完成、被上级单位批评的，团队考核直接评为"不合格"。

四、薪酬激励

（一）正向激励

为鼓励各专业部门积极开展跨部门、跨专业的团队合作，将专业部门绩效工资的一部分拿出设立柔性团队绩效薪酬包，用于对柔性团队工作开展一次性奖励。团队内部奖励分配规则如下：

$$团队成员奖励金额 = M \times K \times (1 - J) \times T \times P$$

式中：

M——团队奖金基数，主要奖励牵头和配合部门及团队人员；

K——团队二次分配系数，一般为 80%，即将团队奖金基数的 80% 交由团队负责人二次分配，剩余 20% 交由配合部门负责人分配，用于奖励部门积极配合；

J——团队负责人奖励分配系数，原则上不高于 30%；

T——团队考核系数，根据团队考核结果分档确定，其中"优秀"为 1、"良好"为 0.8，"合格"为 0.6，"不合格"为 0；

P——个人分配系数。

（二）反向惩处

为避免出现任务无法按期完成等情况，建立反向惩处机制。当团队考核不合格时，牵头和配合部门按照业绩考核责任书的承担任务权重，从部门绩效工资总额中扣减相应金额。扣减金额为

扣减金额＝团队奖金基数×部门任务权重

对于因不服从工作安排被淘汰的团队成员，工作小组将对其通报批评并结合团队负责人考核建议对其进行惩处。

五、人才培养

将柔性团队作为发现、培养和使用优秀人才的载体，为敢于尝试、勇于挑战的员工提供锻炼成长平台，为不同领域、不同特长的优秀人才提供专业交流渠道，加速成长历练，促进融合创新；将考核评价结果与人才选拔、岗位晋升、评先评优、培训发展等挂钩，对于表现特别突出的柔性团队成员，优先推荐聘任更高层级岗位、职务和职员职级，优先评聘各类专家人才。